· 从 小 爱 悦 读 ·

思维导图

启 文 郝建国 主编

天工开物

的奥秘

启 文 主编

花山文艺出版社

河北 · 石家庄

图书在版编目（CIP）数据

天工开物的奥秘 / 启文主编 . -- 石家庄：花山文艺出版社，2023.1
（从小爱悦读 / 启文，郝建国主编，思维导图）
ISBN 978-7-5511-6634-8

Ⅰ . ①天… Ⅱ . ①启… Ⅲ . ①《天工开物》－儿童读物 Ⅳ . ① N092-49

中国国家版本馆 CIP 数据核字（2023）第 026536 号

丛 书 名：从小爱悦读·思维导图
主　　编：启　文　郝建国
书　　名：**天工开物的奥秘**
　　　　　Tiangongkaiwu de Aomi
主　　编：启　文

策划统筹：王玉晓
责任编辑：卢水淹
责任校对：贺　进
封面设计：博文斯创
美术编辑：王爱芹
出版发行：花山文艺出版社（邮政编码：050061）
　　　　　（河北省石家庄市友谊北大街 330 号）
销售热线：0311-88643299/96/17
印　　刷：金世嘉元（唐山）印务有限公司
经　　销：新华书店
开　　本：720 毫米 ×1020 毫米　1/16
印　　张：8
字　　数：100 千字
版　　次：2023 年 1 月第 1 版
　　　　　2023 年 1 月第 1 次印刷
书　　号：ISBN 978-7-5511-6634-8
定　　价：39.80 元

前　言

阅读，是孩子认识世界、丰富心灵、获取知识的最可靠途径。

"从小爱悦读"丛书既包含虚构类的中外文学名著故事，也有国学经典的启蒙读本，以及科学通识百科趣味读本。"从小爱悦读"丛书以彩绘注音的形式，帮助小读者跨越阅读障碍；标注好词好句，帮助小读者积累词汇；用思维导图提炼全书精华，激发小读者的想象力和逻辑思维能力。

思维导图是一种表达发散性思维的有效图形思维工具。

孩子们在阅读的初级阶段，接收的信息往往是分散的、模糊不清的。这时，就需要通过归纳、总结、分类、比较等思维方法将信息进行梳理。

将一本书用文字、线条、图形加以描画或记录，会使孩子们的整个阅读过程更加形象具体，更加生动有趣，能激发孩子们的想象力和创造力。如果我们将一本书比作宝藏，孩子的读书过程就是寻宝，而思维导图就变成了寻宝图。当孩子带着寻宝冒险的想法开始阅读，他的体验一定是快乐的，读后自然收获满满。

让孩子带上寻宝图（思维导图），开始一段愉快又紧张的阅读之旅吧！

思维导图
使用方法

　　阅读一本书，有的孩子会记住好词好句，有的孩子会被好玩的故事吸引，有的孩子会喜欢上书中可爱的人物，还有的孩子想了解故事背后的东西……当我们有了思维导图，在寻宝过程中，按图索骥，就可以挖掘到更多的内容哟！

　　第一层：把握这本书的主要内容

　　不论是虚构类故事，还是非虚构类故事，我们读过一遍，首先要知道这本书写了什么。

　　第二层：厘清这本书的层级脉络

　　每一本书都有自己的成书逻辑，孩子的阅读过程就是思维逻辑训练的过程。

　　第三层：体会这本书有趣的地方

　　有的书，故事引人入胜；有的书，人物性格鲜明；有的书，文辞特别优美。用心发现每本书的与众不同，这是挖宝过程中最有趣的部分。

　　第四层：延伸拓展，寻找下一座宝藏的线索

　　每一座宝藏都不是孤立存在的，我们可以通过关于这座宝藏的信息，找到新的宝藏。

　　第五层：绘制自己的寻宝图

　　这里的寻宝图，并不是十全十美的，小读者可以通过阅读，细化思维，制作属于自己的丰富而有趣的思维导图。

《天工开物》的奥秘

作 品 概 况 思 维 导 图

作者

宋应星

宋应星 聪明好学
博览群书
文化素养高
科举考试不中

主观原因

写作背景

社会背景

农业

耕地面积 扩大
作物品种 改良·增加
粮食作物
经济作物
产量 提高

手工业

种类多
具备规模
陶瓷、纺织业
比较发达

字 长庚
身份 著名科学家

作品

《天工开物》
《野议》
《论气》
《谈天》
《思怜诗》

创作时期 明代

明

《天工开物》的奥秘

世界上第一部关于农业和手工业生产的综合性性著作

我国古代一部综合性的科学技术著作

中国17世纪的工艺百科全书

历史地位

内容

农业
粮食种植
粮食加工

手工业
冶铁
纺织
制糖
采煤
造纸

制造
陶瓷
兵器
火药
交通工具

目录
CONTENTS

nǎi
乃

lì
粒 ①

dào gōng
稻工 ②

原文

凡一耕之后，勤者再耕、三耕，然后施
耙③，则土质匀碎，而其中膏脉释化④也。
凡牛力穷⑤者，两人以杠悬耜⑥，项背相
望⑦而起土。两人竟日，仅敌一牛之力。若
耕后牛穷，制成磨耙，两人肩手磨轧，则
一日敌三牛之力也。

① 乃粒：百姓以谷物为食。这里代指粮食。

② 稻工：稻田耕作。

③ 施耙：用耙把土块弄碎。

④ 膏脉释化：肥分化开。

⑤ 牛力穷：缺少牛力。穷，缺乏，不足。

⑥ 耜：耒下端铲土的部件。装在犁上，用来翻土。

⑦ 项背相望：指两人一前一后共同拉犁。

译文

　　稻田犁过一遍之后，有些勤快的农民还要耕第二遍、第三遍，然后再耙田地，这样一来土质就会粉碎得很均匀，而其中的肥分也能化开了。有的农民家里缺少牛力，两个人就用木杠悬拉着犁，两人一前一后推拉翻耕，干一整天，才能抵得上一头牛的劳动效率。如果犁耕后缺少牛力，就做个磨耙，两人用肩和手拉着耙地，这样干上一整天相当于三头牛的劳动效率。

耒耜：古代耕地翻土的农具。

耙：碎土、平地的农具，能把耕过的土地中大土块弄碎、弄平。

原文

凡牛，中国①惟水、黄两种②。水牛力倍于黄，但畜水牛者，冬与③土室御寒，夏与池塘浴水，畜养心计亦倍于黄牛也。凡牛，春前力耕汗出，切忌雨点，将雨，则疾驱入室。候过谷雨④，则任从⑤风雨不惧也。

注释

① 中国：这里指中原。

② 水、黄两种：水牛和黄牛两种。

③ 与：给予。

④ 谷雨：二十四节气之一，在阳历 4 月 19、20 或 21 日。

⑤ 任从：任凭，听任。

译文

我国中原地区只有水牛、黄牛两种。其中水牛力气要比黄牛大一倍。但是养水牛，冬季需要有土屋来抵御严寒，夏季还要有池塘供它洗澡，这样看来养水牛所花费的精力，也要比养黄牛的多一倍。牛在春耕时出了汗，一定注意不要让它淋雨，快要下雨时就赶紧所牛赶进牛棚。等过了谷雨之后，任凭风吹雨淋也不怕了。

水利
shuǐ lì

原文

凡稻，妨旱藉水独甚五谷①。厥土沙
fán dào fáng hàn jí shuǐ dú shèn wǔ gǔ　jué tǔ shā
泥、硗②腻③，随方④不一，有三日即干
ní qiāo nì suí fāng bù yī yǒu sān rì jí gān
者，有半月后干者。天泽⑤不降，则人力挽
zhě yǒu bàn yuè hòu gān zhě tiān zé bú jiàng zé rén lì wǎn
水以济⑥。
shuǐ yǐ jì

凡河滨有制筒车⑦者，堰⑧陂⑨障流，
fán hé bīn yǒu zhì tǒng chē zhě yàn bēi zhàng liú
绕于车下，激轮使转，挽水入筒，一一倾于
rào yú chē xià jī lún shǐ zhuàn wǎn shuǐ rù tǒng yī yī qīng yú
枧⑩内，流入亩中。昼夜不息，百亩无忧
jiǎn nèi liú rù mǔ zhōng zhòu yè bù xī bǎi mǔ wú yōu
（不用水时，栓木碍止，使轮不转动）。
bú yòng shuǐ shí shuān mù ài zhǐ shǐ lún bú zhuàn dòng

注释

①五谷：指五种谷物。古代具体说法不一。

②硗：土壤贫瘠。

③腻：土壤肥沃。

④随方：根据地方。

⑤天泽：自然的恩泽。这里指雨水。

⑥济：弥补，调剂。

⑦筒车：一种以水力为动力把水从低处引到高处的提水
工具。

⑧堰：挡水的堤坝。这里指筑坝。

⑨陂：堤岸。这里指筑堤。

⑩梘：引水的渡槽或导管，木制或竹制。

译文

在五谷之中，水稻最怕旱情，比其他谷物需要借水防旱。各地稻田的情况不一样，有的是沙土，有的是黏土；有的土壤贫瘠，有的土壤肥沃。有的稻田灌水三天之后就干涸了，而有的半个月以后才干。如果天不降雨，就要靠人力引水浇灌来补救。

河边有装置筒车的，可以筑个堤坝来阻挡水流，使水流绕过筒车的下部，冲击筒车的轮叶旋转，并把水舀入筒内，这样一筒筒的水便会倒入引水槽中，然后流入田里。这样昼夜不停地引水，即便浇灌上百亩田地也不成问题（不用水的时候，可以用木栓住，不让水轮转动）。

堰：较低的挡水构筑物，作用是提高上游水位，便于灌溉。

原文

qí hú chí bù liú shuǐ　　huò yǐ niú lì zhuàn pán　　huò
其湖池不流水，或以牛力转盘，或

jù shù rén tà zhuàn　　chē shēn cháng zhě èr zhàng　　duǎn zhě bàn zhī
聚数人踏转。车身长者二丈，短者半之。

qí nèi yòng lóng gǔ　　shuān chuàn bǎn　　guān shuǐ nì liú ér shàng
其内用龙骨①拴串板，关水逆流而上。

dà dǐ yì rén jìng rì zhī lì　　guàn tián wǔ mǔ　　ér niú zé
大抵一人竟日之力，灌田五亩，而牛则

bèi zhī
倍之。

注释

①龙骨：带水的木板用木榫连接成环带，外形像龙骨，所以有此称呼。

牛力转盘水车

踏车

 译文

对于湖泊和池塘的静水，有的使用牛力拉动转盘进而带动水车，有的凑几个人一齐踩踏转动水车。水车车身长的有两丈，短的也有一丈。车内用龙骨连接串板，转动的时候可以把水刮上来。一人用水车干一整天活儿，大概能浇灌五亩田地，用牛就可以高出一倍。

原文

其浅池、小洿①，不载长车者，则数
<small>qí qiǎn chí　xiǎo kuài　　　bú zài cháng chē zhě　　zé shù</small>

尺之车。一人两手疾转，竟日之功，可灌二
<small>chǐ zhī chē　　yì rén liǎng shǒu jí zhuàn　　jìng rì zhī gōng　　kě guàn èr</small>

mǔ ér yǐ
亩而已。

yáng jùn ② yǐ fēng fān shù shàn sì ③ fēng zhuàn chē fēng
扬郡 ② 以风帆数扇，俟 ③ 风转车，风

xī zé zhǐ cǐ chē wéi jiù lào yù qù zé shuǐ yǐ biàn zāi
息则止。此车为救潦 ④，欲去泽水，以便栽

zhòng gài qù shuǐ fēi qǔ shuǐ yě bú shì jì hàn yòng jié gāo
种，盖去水非取水也，不适济旱。用桔槔、

lù lu ⑤ gōng láo yòu shèn xì yǐ
辘轳 ⑤，功劳又甚细已。

① 小浍：田间水沟。

② 扬郡：今江苏扬州
地区。

③ 俟：等候，等待。

④ 潦：古同"涝"，雨水
过多，水淹。

⑤ 辘轳：我国战国时利
用定滑轮原理创制的一种提
水工具。

浅水池和小水沟，安放
不下长水车，就可以使用几
尺长的手摇水车。一个人用
两手握住摇把迅速转动，干
一整天可以浇灌两亩田地。

桔槔

桔槔：打水的一种工具。在井
旁的树或架子上挂一个杠杆，
一端系水桶，一端坠大石，一
起一落，打水可以省力。

扬州一带使用几扇风帆用风力带动水车，刮风时水车旋转，风停止水车不动。这种车是专为排涝使用的，排除积水以便栽种，因为是用来排涝而不是取水灌溉，所以并不适于抗旱。至于使用桔槔和辘轳排水引水，那工效就更低了。

麦工

原文

凡麦与稻，初耕垦土则同，播种以后，则耘耔①诸勤苦皆属稻，麦惟施耨②而已。

凡北方厥土坟垆③易解释④者，种麦之法，耕具差异，耕即兼种⑤。其服牛起土者，耒不用耜，并列两铁于横木之上，其具方语曰耩⑥。耩中间盛一小斗，贮麦种于内，其斗底空梅花眼，牛行摇动，种子即从眼中撒下。欲密而多，则鞭牛疾走，子撒必多；欲稀而少，则缓其牛，撒种即少。既播种后，用驴驾两小石团，压土埋麦。凡麦种紧压方生。南方地不同北者，多耕

duō bà zhī hòu　　rán hòu yǐ huī bàn zhǒng　shǒu zhǐ niān　ér zhòng
多耙之后，然后以灰拌种，手指拈⑦而种

zhī　 zhòng guò zhī hòu　　suí yǐ jiǎo gēn yā tǔ shǐ jǐn　 yǐ dài běi
之，种过之后，随以脚跟压土使紧，以代北

fāng lǘ shí yě
方驴石也。

注释

①耘耔：翻土除草。也泛指耕种。

②耨：除草。

③垆：即黑垆土，是西北黄土高原地区土质疏松肥力较高的旱作土壤。

④解释：松散。

⑤耕即兼种：耕地的同时也进行播种。

⑥耩：又叫耧。这种农具可以耕地可以播种，只耕地叫耩地，还具有播种功能的叫摇耧。

⑦拈：用手指取物。

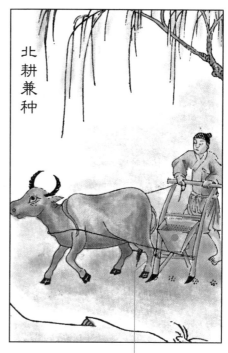

北耕兼种

耧：播种用的一种农具，前边由牲畜牵引，后边人扶，可以同时完成开沟和下种两项工作。可播大麦、小麦、大豆、高粱。

译文

种麦子与种水稻，初耕时都要耕地翻土。不过播种以后，水稻还需要多次翻土、锄草等勤苦的劳动，麦田却只要锄锄草就可以了。

北方的黑垆土疏松肥沃，种麦的方法和工具都与种稻子有所不同，即耕和种是同时进行的。用牛拉着起土的农具，不装犁头，而装一根横木，在横木上并排安装两个尖铁，这种农具方言称为"耩"。"耩"的中间装个小斗，斗内放着麦种，斗底钻些梅花眼。牛走的时候摇动斗，种子就从眼中撒下。如果想要种得又密又多，就赶牛快走，种子就撒得多；如果想要种得稀些少些，就让牛慢走，撒种就少。播种之后，用驴拖两个小石磙压

踵力盖紧：用脚踩实土壤，这样麦种才能发芽生长。

土埋麦种。土压紧了，麦种才能发芽生长。南方与北方不同，先将麦田经过多次耕耙，然后用草木灰拌种，用手指拈着种子点播，接着用脚跟把土踩实，代替北方用驴拉石磙压土。

乃服 nǎi fú

蚕浴 cán yù

原文

凡蚕用浴法，唯嘉、湖两郡。湖多用天露①、石灰，嘉多用盐卤水。

每蚕纸一张，用盐仓走出卤水二升，参②水浸于盂③内，纸浮其面（石灰仿此）。逢腊月十二即浸浴，至二十四日，计十二日，周即漉起④，用微火炡干。从此珍重⑤箱匣中，半点风湿不受，直待清明抱产⑥。

注释

① 天露：寒冬腊月的天然露水。

② 参：通"掺"，杂入，拌和。

③ 盂：盛液体的敞口器具。

④ 漉起：捞起并让水滴干。

⑤ 珍重：善加保存。

⑥ 抱产：孵化。古人有时把蚕纸抱在怀里靠人体温孵化。

译文

对蚕种进行浴洗的，只有嘉兴、湖州两个地方。湖州多采用天露浴或石灰浴，嘉兴则多采用盐卤浴。

每张蚕纸用从盐仓流出来的卤水二升掺水倒在一个盂内，蚕纸浸浮在水面上（石灰浴也是这种方法）。每逢腊月开始浴种，从腊月十二日到二十四日，共浸浴十二天，到时候就把蚕纸捞起滴干水，然后用微火烘干。之后小心妥善保管在箱匣里，不要让蚕种受半点儿风寒湿气，一直等到清明节时才取出蚕卵进行孵化。

蚕浴：浴洗蚕卵，有消毒和复壮两个作用。

原文

qí tiān lù yù zhě　shí rì xiāng tóng　yǐ miè pán chéng zhǐ
其天露浴者，时日相同。以篾盘盛纸，

tān kāi wū shàng　sì yú xiǎo shí zhèn yā　rèn cóng shuāng xuě fēng
摊开屋上，四隅小石镇压，任从霜雪、风

yǔ léi diàn mǎn shí èr rì fāng shōu zhēn zhòng dài shí rú qián
雨、雷电，满十二日方收，珍重待时如前

fǎ gài dī zhǒng jīng yù zé zì sǐ bù chū bú fèi yè gù
法。盖低种①经浴则自死不出，不费叶故，

qiě dé sī yì duō yě
且得丝亦多也。

wǎn zhǒng bú yòng yù
晚种②不用浴。

注释

①低种：劣种。

②晚种：也叫夏蚕种，指一年孵化二次的蚕种。

译文

天露浴种的时间与前面所说的一样。将蚕纸摊在篾盘上，将蚕纸的四角用小石块压住，放在屋顶，任凭它经受霜雪、风雨、雷电吹打，放够十二天后再收起来。用前面所说的方法珍藏起来。低劣的蚕种经过浴洗会死掉不出，这样既不会浪费桑叶，也能收到很多丝。

对于一年中孵化两次的蚕种则不需要浴洗。

lǎo zú
老足

原文

fán cán shí yè zú hòu　　　　zhǐ zhēng shí kè　　zì luǎn chū
凡蚕食叶足候①，只争时刻。自卵出

miáo　　　duō zài chén　　sì　　èr shí　　gù lǎo zú jié jiǎn
蚘②，多在辰③、巳④二时，故老足结茧，

yì duō chén　　sì èr shí　　lǎo zú zhě　　hóu xià liǎng jiá tōng míng
亦多辰、巳二时。老足者，喉下两颊通明。

zhuō shí nèn yì fēn　　zé sī shǎo　　guò lǎo yì fēn　　yòu tǔ qù
捉时嫩一分，则丝少；过老一分，又吐去

sī　　jiǎn ké bì bó　　zhuō zhě yǎn fǎ gāo　　yì zhī bú chà fāng
丝，茧壳必薄。捉者眼法高，一只不差方

miào　　hēi sè cán bú jiàn shēn
妙。黑色蚕不见身

zhōng tòu guāng　　zuì nán zhuō
中透光，最难捉。

注释

①足候：成熟的时候。

②蚘：初生的蚕。

③辰：十二时辰之一，
上午七点至九点。

④巳：十二时辰之一，
上午九点至十一点。

译文

当蚕吃够了桑叶并逐渐
成熟的时候，要抓紧时间捉

老足：蚕老熟。指蚕的幼虫成
熟了即将吐丝结茧转化为蛹。

蚕结茧。蚕卵孵化出蚁蚕，多在上午七点至十一点，所以老熟的蚕结茧也多在这个时间。老熟的蚕胸部两侧透明。捉蚕时，如果捉的蚕嫩一点儿、不够成熟的话，吐丝就会少些；如果捉的蚕过老一点儿，因为它已经吐掉一部分丝，这样茧壳必然会比较薄些。捉蚕的人要善于分辨蚕的成熟程度，如果能够做到一条也没捉错才算高手。黑色的蚕，因为看不见胸部两侧是否透明，因此最难捉。

治丝^①

原文

凡治丝，先制丝车^②。

锅煎极沸汤^③。丝粗细视投茧多寡。穷日之力，一人可取三十两。若包头丝^④则只取二十两，以其苗长^⑤也。凡绫罗丝^⑥，一起投茧二十枚，包头丝只投十余枚。

凡茧滚沸时，以竹签拨动水面，丝绪自见。提绪入手，引入竹针眼，先绕星丁头^⑦（以竹棍做成，如香筒样），然后由送丝干^⑧勾挂，以登大关车。断绝之时，寻绪

diū shàng   bú bì rào jiē   qí sī pái yún bù duī jǐ zhě   quán zài
丢上，不必绕接。其丝排匀不堆积者，全在

sòng sī gān yǔ mó dǔn zhī shàng
送丝干与磨不之上。

 注释

① 治丝：缫丝，即煮茧抽丝。

② 丝车：即缫车，缫丝所用的器具。

③ 沸汤：滚沸的水。

④ 包头丝：织包头巾用的丝。

⑤ 苗长：细。

⑥ 绫罗丝：用来织绫罗衣料的丝。比包头丝粗。

⑦ 星丁头：滑轮，导丝用。

⑧ 送丝干：移丝竿。干，通"竿"。

 译文

对于缫丝，第一步就是要制作缫车。

将锅内的水烧得滚开。把蚕茧放进锅中，生丝的粗细取决于投入锅中蚕茧的多少。一个人干一整天，只能得到三十两丝。如果是缫包头丝，就只能得到二十两，这是因为那种丝缕比较细。缫绫罗丝，一次要投进去二十只茧；缫包头丝，一次只投十几只茧。

当煮蚕茧的水滚沸的时候，用竹签拨动水面，丝头自然就会出现。用手牵住丝头，穿过竹针眼，先绕上星丁头（用竹棍做成香筒状的导丝轮），然后挂在移丝竿上，再绕到大关车上。遇到断丝的时候，只要找到丝头搭上去，不必重新绕接。如果

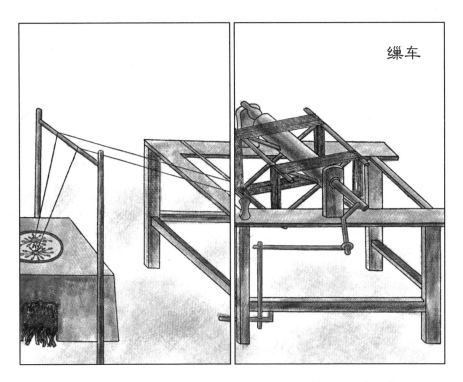

缫车

想要大关车绕丝绕得均匀，关键要靠移丝竿和脚踏摇柄相互配合好。

【原文】

chuān shǔ sī chē zhì shāo yì　　qí fǎ jià héng guō shàng　yǐn
川　蜀　丝　车　制　稍　异。其　法　架　横　锅　上，引

sì wǔ xù ér shàng　liǎng rén duì xún guō zhōng xù　　rán zhōng bú ruò
四　五　绪　而　上，两　人　对　寻　锅　中　绪。然　终　不　若

hú zhì zhī jìn shàn yě
湖　制　之　尽　善　也。

fán gōng zhì sī xīn　　qǔ jí zào wú yān shī zhě　　zé bǎo
凡　供　治　丝　薪，取　极　燥　无　烟　湿　者，则　宝

sè bù sǔn
色　不　损。

丝美之法有六字：一曰"出口干"，即
结茧时用炭火烘；一曰"出水干"，则治丝
登车时，用炭火四五两，盆盛，去车关五
寸许。运转如风时，转转火意照干。是曰
"出水干"也（若晴光又风色，则不用火）。

译文

　　四川的缫车结构稍有不同，它横架在锅上，两人面对面站在锅旁寻找丝头，一次牵引四五缕丝上车。但这种方法终究不如湖州制作的缫车完善。

　　供缫丝用的柴火，要选择非常干燥且无烟的，这样的话丝的色泽就不会损坏。

　　使丝质量美好，有个六字口诀：一叫"出口干"，即结茧时用炭火烘干；一叫"出水干"，就缫丝上车时，用盆盛装四五两炭火，放在离大关车五寸远的地方。当大关车飞速旋转时，丝一边转一边被火烘干。这就是所说的"出水干"（如果是晴天又有风，就不用火烘了）。

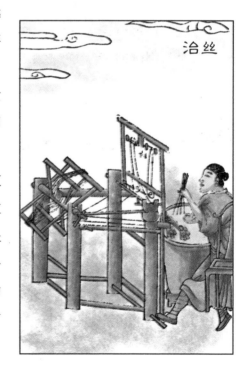
治丝

wěi luò
纬络①

fán sī jì yuè zhī hòu　yǐ jiù jīng wěi　　jīng zhì yòng
凡丝既篗之后，以就经纬②。经质用

shǎo　ér wěi zhì yòng duō　měi sī shí liǎng　jīng sì wěi liù　cǐ
少，而纬质用多。每丝十两，经四纬六，此

dà lüè　yě
大略③也。

fán gōng wěi yuè　yǐ shuǐ wò　shī sī　yáo chē zhuàn
凡供纬篗，以水沃④湿丝，摇车转

dìng　ér fǎng yú zhú guǎn zhī shàng　zhú yòng xiǎo jiàn zhú
锭⑤而纺于竹管之上（竹用小箭竹）。

① 纬络：又叫卷纬。指把丝绕在纬线管上。

② 经纬：织物的纵线和
横线。

③ 大略：大概，大要。

④ 沃：浇，灌。

⑤ 锭：锭子。指卷纬车
上带动纬线管转动的轴。

纺纬

丝绕在篗子上以后，就可
以用来牵经卷纬了。经线用
的丝少，纬线用的丝多。每
十两丝，大约要用经线四两、

纬线六两。

供卷纬用的篗子，先用水淋湿浸透上面的丝，才摇动大关车转锭，把丝缠绕在竹管上（竹管是用小箭竹做的）。

机式

原文

凡花机^①，通身度长一丈六尺，隆起花楼，中托衢盘^②，下垂衢脚（水磨竹棍为之，计一千八百根）。对花楼下堀坑二尺许，以藏衢脚（地气湿者，架棚二尺代之）。

提花小厮^③坐立花楼架木上。机末以的杠卷丝，中用叠助木两枝，直穿二木，约四尺长，其尖插于箊^④两头。叠助，织纱罗者视织绫绢者减轻十余斤方妙。其素罗不起花纹，与软纱绫绢踏成浪、梅小花者，视素罗只加桄^⑤二扇，一人踏织自成，不用提花之人闲住花楼，亦不设衢盘与衢脚也。

①花机：提花织机。一种纺织工具，可以织出带有复杂花纹的织物。

②衢盘：花机上调整经线开口位置的部件。

③小厮：童工或学徒。

④筘：织布机上的一种机件，经线从筘齿间通过，它的作用是把纬线推到织口。

⑤桄：综框。

提花机全长约一丈六尺，其中高高耸起的是花楼，中间托

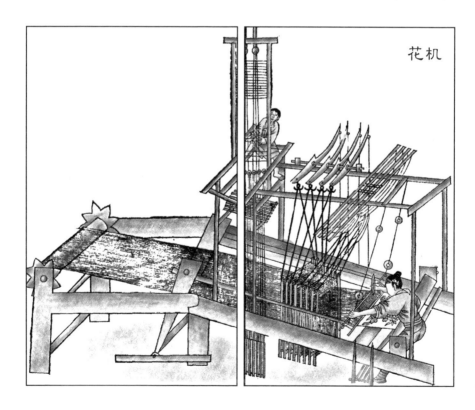

花机

着的是衢盘，下面垂着的是衢脚（用加水磨光滑的竹棍做成，共有一千八百根）。在花楼的正下方挖一个约两尺深的坑，用来安放衢脚（如果地下潮湿，可以架两尺高的棚来代替）。

提花的小工，半坐半立在花楼的木架子上。花机的末端用经轴卷丝，中间用叠助木两根，垂直穿接两根约四尺长的木棍，木棍尖端分别插入筘的两头。织纱罗的叠助木比织绫绢的要轻十多斤才算好。织素罗不用起花纹。此外，要在软纱、绫绢上织出波浪、梅花等小花纹时，只要比织素罗多加两片综框，由一个人踏织就可以了，而不用一个人闲坐在提花的花楼上，也不用安装衢盘与衢脚。

布衣
bù yī

原文

凡棉布御寒，贵贱同之。棉花，古书名枲麻①，种遍天下。种有木棉、草棉两者，花有白、紫二色，种者白居十九，紫居十一。

凡棉春种秋花，花先绽②者逐日摘取，取不一时。其花粘子于腹，登赶车③而分之。去子取花，悬弓弹化（为挟纩④温衾⑤

袄者，就此止功）。弹后以木板擦成长条，
以登纺车，引绪纠成纱缕，然后绕籰牵经
就织。凡纺工能者一手握三管，纺于锭上
（捷则不坚）。

①枲麻：大麻的雄株，作者误以为枲麻是棉花。

②绽：开裂。

③赶车：轧花机，用来除棉籽。

④挟纩：把去籽棉花絮装入衣服或被子内，制成棉袍或棉被。

⑤衾：被子。

赶棉

弹棉

译文

　　用棉布来御寒，达官显贵和平头百姓都是如此。在古书中棉花被称为枲麻，全国各地都有人种植。棉有木棉和草棉两种，棉絮有白色和紫色两种颜色。其中种白棉絮的占了十分之九，紫的占十分之一。

　　棉花都是春天种下，秋天结棉桃，棉桃先裂开吐絮的先摘回，而不是所有的同时摘取。在棉花里棉籽是同棉絮粘在一起的，要将棉花放在轧花机上才能将棉籽去除。棉花去籽以后，再用弹弓来弹松（作为棉被和棉衣中用的棉絮，就加工到这一步）。棉花弹松后用木板搓成长条，再用纺车纺成棉纱，然后绕在篗子上便可以牵经织布了。熟练的纺纱工，一只手能同时握住三个纺锤，把棉纱纺在锭子上（纺得太快，棉纱就不结实了）。

粹精①
cuì jīng

攻稻②
gōng dào

原文

凡稻刈获③之后，离稿④取粒。束稿
fán dào yì huò zhī hòu lí gǎo qǔ lì shù gǎo

于手而击取者半，聚稿于场而曳⑤牛滚石
yú shǒu ér jī qǔ zhě bàn jù gǎo yú cháng ér yè niú gǔn shí

以取者半。凡束手而击者，受击之物或用木
yǐ qǔ zhě bàn fán shù shǒu ér jī zhě shòu jī zhī wù huò yòng mù

桶，或用石板。收获之时雨多霁少，田稻交
tǒng huò yòng shí bǎn shōu huò zhī shí yǔ duō jì shǎo tián dào jiāo

湿不可登场者，以木桶就田击取。晴霁稻
shī bù kě dēng cháng zhě yǐ mù tǒng jiù tián jī qǔ qíng jì dào

干，则用石板甚便也。凡服牛曳石滚压场
gān zé yòng shí bǎn shèn biàn yě fán fú niú yè shí gǔn yā cháng

中，视⑥人手击取者力省三倍。但作种之
zhōng shì rén shǒu jī qǔ zhě lì shěng sān bèi dàn zuò zhǒng zhī

谷，恐磨去壳尖，减削生机。故南方多种
gǔ kǒng mó qù ké jiān jiǎn xiāo shēng jī gù nán fāng duō zhòng

zhī jiā　　cháng hé duō jiè niú lì　　ér lái nián zuò zhǒng zhě zé nìng
之家，　场禾多藉牛力，　而来年作种者则宁

xiàng shí bǎn jī qǔ yě
向石板击取也。

 注释

① 粹精：加工粮食，去其糠麸，取其精华（米面）。

② 攻稻：加工稻谷。

③ 刈获：收割，收获。

④ 稿：谷类植物的茎秆。

⑤ 曳：拖，牵引。

⑥ 视：比较，比照。

 译文

　　稻子收割之后，就要进行脱粒。脱粒的方法中，用手握稻秆摔打来脱粒的约占一半，把稻子铺在晒场上用牛拉石磙进行脱粒的也占一半。手工脱粒是手握稻秆在木桶或石板上摔打。稻子收获的时候，如果遇上多雨少晴的天气，稻田和稻谷都很潮湿，不能把稻子收到晒场上去脱粒时，就用木桶在田间就地脱粒。如果遇上晴天稻子也很干，使用石板脱粒也就很方便了。用牛拉石磙在晒场上压稻谷，要比手工摔打省力三倍。但是留着当稻种的稻谷，恐怕被磨掉保护谷胚的壳尖而使种子发芽率减弱，因此南方种植水稻较多的人家，大部分稻谷都运到晒场上用牛力脱粒，但是留为种子的稻谷就宁可在石板上摔打脱粒。

凡水碓，山国之人居河滨者之所为也。攻稻之法省人力十倍，人乐为之。引水成功，即筒车灌田同一制度也。设臼多寡不一，值①流水少而地窄者，或两三臼；流水洪而地室宽者，即并列十臼无忧也。

凡碾②，砌石为之，承藉、转轮③皆用石。牛犊、马驹惟人所使。盖一牛之力，日可得五人。但入其中者，必极燥之谷，稍润则碎断也。

①值：逢，遇到。

②碾：石碾或者牛碾。

③承藉、转轮：指碾槽盘和碾石。

水碓是山区靠近河边的人们创造的。用它来加工稻谷，要比人工省力十倍，因此人们都乐意使用水碓。利用水力带动水碓和利用筒车浇水灌田是同样的方法。设臼的多少没有一定的限制，如果流水量小而地方也狭窄，就设置两至三个臼；如果

水碓

流水量大而地方又宽敞，那么并排设置十个臼也不成问题。

碓则是用石头砌成的，碾盘和转轮都是用石头做的。用牛犊或马驹来拉碾都可以，人们怎么方便怎么来。一头牛干一天的劳动量，相当于五个人一天的劳动量。但是要碾的稻谷一定要晒得很干燥，稍微潮湿一点儿，米就被压碎了。

攻麦

gōng mài

原文

fán xiǎo mài　　qí zhì wéi miàn　　gài jīng zhī zhì zhě　　dào zhōng

凡小麦，其质为面。盖精之至者，稻中

zài chōng zhī mǐ　　cuì zhī zhì zhě　　　mài zhōng chóng luó zhī miàn　yě

再舂之米；粹之至者，麦中重罗之面①也。

小麦收获时，束稿击取，如击稻法。其去秕②法，北土用扬，盖风扇流传未遍率土③也。凡扬，不在宇下④，必待风至而后为之。风不至，雨不收，皆不可为也。凡小麦既扬之后，以水淘洗，尘垢净尽，又复晒干，然后入磨。

注释

①重罗之面：筛过多次的面，质地较细。罗，用一种密孔的筛子（罗）筛东西。

②秕：中空或者不饱满的谷粒。

③率土：四海之内，即全国。

④宇下：屋檐下。宇，屋檐。

译文

对小麦而言，它的质地是面。稻谷最精华的部分是舂过多次的稻米，小麦最精粹的部分是罗过多次的精面粉。

收获小麦的时候，用手握住麦秆摔打脱粒，与稻子手工脱粒的方法相同。去掉秕麦，北方多用扬场的办法，这是因为南方使用的风车没有普及全国。扬场不能在屋檐下，而且一定要等有风的时候才能进行。没有风或者下雨的时候都不能扬场。小麦扬过后，用水淘洗干净，再晒干，然后入磨。

原文

fán mò dà xiǎo wú dìng xíng dà zhě yòng féi jiān lì niú yè
凡磨大小无定形。大者用肥犍力牛曳
zhuǎn qí niú yè mò shí yòng tóng ké yǎn móu bù rán zé xuàn
转。其牛曳磨时用桐壳掩眸①，不然则眩
yùn qí fù jì tǒng yǐ chéng yí bù rán zé huì yě cì
晕②；其腹系桶以盛遗③，不然则秽也。次
zhě yòng lǘ mò jīn liǎng shāo qīng yòu cì xiǎo mò zé zhǐ yòng
者用驴磨，斤两稍轻。又次小磨，则止用
rén tuī āi zhě fán lì niú yí rì gōng mài èr dàn lǘ bàn zhī
人推挨者。凡力牛一日攻麦二石，驴半之，
rén zé qiáng zhě gōng sān dǒu ruò zhě bàn zhī ruò shuǐ mò zhī fǎ
人则强者攻三斗，弱者半之。若水磨之法，
qí xiáng yǐ zǎi gōng dào shuǐ duì zhōng zhì dù xiāng tóng
其详已载《攻稻·水碓》中，制度相同，
qí biàn lì yòu sān bèi yú niú dú yě fán niú mǎ yǔ shuǐ mò
其便利又三倍于牛犊也。凡牛、马与水磨，
jiē xuán dài mò shàng shàng kuān xià zhǎi zhù mài shù dǒu yú zhōng liū
皆悬袋磨上，上宽下窄，贮麦数斗于中，溜
rù mò yǎn rén lì suǒ āi zé bú bì yě
入磨眼。人力所挨④则不必也。

注释

①眸：指牛的眼睛。

②眩晕：因觉得自己或周围的东西在旋转而感到头晕。

③遗：牛排泄的大小便。

④挨：推，击。

译文

磨的大小没有一定的规格。大的磨要用肥壮有力的牛来拉。

牛拉磨时，要用桐壳遮住眼睛，否则牛就会转晕了；牛的肚子上要系上一只桶用来盛装牛的排泄物，否则就会把面弄脏了。小一点儿的磨用驴来拉，重量相对较轻些。再小一点儿的磨则只需人来推。一头壮牛一天能磨两石麦子，一头驴一天只能磨一石，强壮的人一天能磨三斗，而体弱的人只能磨一斗半。至于使用水磨的办法，已经在《攻稻·水碓》一节中详细讲述了，式样相同，但水磨的效率却要比牛磨高三倍。用牛、马或水磨磨面，都要在磨上方悬挂一个上宽下窄的袋子，里面装上几斗小麦，能够慢慢自动滑入磨眼，而人力推磨时就用不着了。

水磨

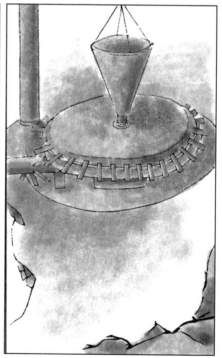

作咸 zuò xián

海水盐 hǎi shuǐ yán

原文

凡海水自具咸质。海滨地，高者名潮①墩，下者名草荡，地皆产盐。

同一海卤传神，而取法则异。

一法：高堰地，潮波不没者，地可种盐。种户各有区画②经界③，不相侵越。度④诘朝⑤无雨，则今日广布稻麦稿灰及芦茅灰寸许于地上，压使平匀。明晨露气冲腾，则其下盐茅⑥勃发。日中晴霁⑦，灰、盐一并扫起淋煎。

①潮：潮汐。指由于月球和太阳的吸潮力作用而使海水发生周期性涨落的现象。一般每天涨落两次。昼涨叫潮,夜涨叫汐。

②区画：区分，划分。

③经界：土地、疆域的分界。

④度：预计，估计。

⑤诘朝：第二天早晨。

⑥盐茅：盐像茅草一样丛生。

⑦晴霁：晴朗。霁，停止下雨。

海水本身就具有盐分这种咸质。海边地势高的地方叫潮墩，地势低的地方叫草荡，这些地方都能出产盐。

同样是海盐，但制取海盐所用的方法却各不相同。

一种方法是在海潮不能浸漫的岸边高地种盐。各户都有自己的地段和界线，互不侵占。估计第二天会天晴，于是就将稻、麦秆灰及芦苇、茅草灰遍地撒上，约一寸厚，并将其压平。第二天早上，地下露气很重，盐就像茅草

布灰种盐

草荡：明清淮南等地各盐场按灶丁给予盐户种植煎盐所用苇草的荡地。

一样在灰下长出来。等到雾散天晴，过了中午就可以将灰和盐一起扫起来，拿去淋洗和煎炼。

原文

凡淋煎法，堀坑二个，一浅一深。浅者尺许，以竹木架芦席于上，将扫来盐料（不论有灰无灰，淋法皆同），铺于席上，四周隆起，作一堤垱形①，中以海水灌淋，渗下浅坑中。深者深七八尺，受浅坑所淋之汁，然后入锅煎炼。

凡煎盐锅，古谓之牢盆②，亦有两种制度，其盆周阔数丈，径亦丈许。用铁者，以铁打成叶片，铁钉拴合，其底平如盂，其四周高尺二寸，其合

海卤煎炼

缝处一经卤汁结塞，永无隙漏。其下列灶
fèng chù yì jīng lǔ zhī jié sè　yǒng wú xì lòu　qí xià liè zào

燃薪，多者十二三眼，少者七八眼，共煎
rán xīn　duō zhě shí èr sān yǎn　shǎo zhě qī bā yǎn　gòng jiān

此盘。
cǐ pán

盐的淋洗和煎炼的方法是挖一浅一深两个坑。浅的坑深约
一尺，上面架上竹或木，在上面铺上草席，将扫起来的盐料（不
论是有灰的还是无灰的，淋洗的方法都是一样的），铺在席子上
面，四周堆得高些，做成堤坝形，坝内用海水淋灌，卤水便可
以渗到浅坑之中。深的坑七到八尺深，接收浅坑淋灌下的卤水，
然后倒入锅里煎炼。

煎盐的锅古时候叫牢盆，有两种规格，这种牢盆的周长有
好几丈，直径约有一丈。其中一种是用铁盆，用铁打成薄片，
再用铁钉铆合，盆的底部像盂那样平，盆深约一尺二寸，接口
处经过卤水结晶后堵塞住，就不会再漏了。牢盆下面砌灶烧
柴，灶眼多的能有十二三个，少的也有七八个，用柴火同时
烧煮。

井盐

jǐng yán

fán shǔ zhōng shí shān qù ① hé bù yuǎn zhě　　duō kě zào jǐng

凡 蜀 中 石 山 去 ① 河 不 远 者，多 可 造 井

qǔ yán　　yán jǐng zhōu wéi bú guò shù cùn　　qí shàng kǒu yì xiǎo yú

取 盐。盐 井 周 围 不 过 数 寸，其 上 口 一 小 盂

fù zhī yǒu yú　　shēn bì shí zhàng yǐ wài　　nǎi dé lǔ xìn ②　　gù

覆 之 有 余，深 必 十 丈 以 外，乃 得 卤 信 ②，故

zào jǐng gōng fèi shèn nán

造 井 功 费 甚 难。

注释

① 去：距离。

② 卤信：地下卤水或盐岩的信息。

译文

在四川离河不远的石山上，大多都可以凿井取盐。盐井的圆
周不过几寸，盐井的上口用一个小盂就能盖上，而盐井的深度必
须要达到十丈以上，才能找到卤水或盐岩，因此凿井的费用很高。

xī chuān yǒu huǒ jǐng ①　　shì qí shèn　　qí jǐng jū rán lěng

西 川 有 火 井 ①，事 奇 甚，其 井 居 然 冷

shuǐ　　jué wú huǒ qì　　dàn yǐ cháng zhú pōu kāi qù jié　　hé féng

水，绝 无 火 气。但 以 长 竹 剖 开 去 节，合 缝

qī bù　　yì tóu chā rù jǐng dǐ　　qí shàng qū jiē　　yǐ kǒu jǐn

漆 布，一 头 插 入 井 底，其 上 曲 接，以 口 紧

duì fǔ qí　　zhù lǔ shuǐ fǔ zhōng　　zhǐ jiàn huǒ yì hōng hōng　　shuǐ jí

对 釜 脐，注 卤 水 釜 中，只 见 火 意 烘 烘，水 即

gǔn fèi　qǐ zhú ér shì zhī　jué wú bàn diǎn jiāo yán yì　wèi jiàn

滚沸。启竹而视之，绝无半点焦炎意。未见

huǒ xíng ér yòng huǒ shén　cǐ shì jiān dà qí shì yě

火形而用火神，此世间大奇事也！

注释

①火井：即天然气井。

译文

　　四川西部地区有一种火井，非常奇妙，火井里居然全都是冷水，完全没有热气。但是，把长长的竹子劈开去掉竹节，再拼合起来用漆布缝好，将一头插入井底，另一头用曲管对准锅底，把卤水接到锅里，只见热烘烘的，卤水很快就沸腾起来了。可是，打开竹筒一看，却没有一点儿烧焦的痕迹。看不见火的形象而起到了火的作用，这真是人世间的一大奇事啊！

井火煮盐

gān
甘

shì
嗜

zào táng
造糖

原文

fán zào táng chē ① zhì yòng héng bǎn èr piàn cháng wǔ chǐ
凡造糖车①，制用横板二片，长五尺、

hòu wǔ cùn kuò èr chǐ liǎng tóu záo yǎn ān zhù shàng sǔn chū
厚五寸、阔二尺，两头凿眼安柱。上笋②出

shǎo xǔ xià sǔn chū bǎn èr sān chǐ mái zhù tǔ nèi shǐ ān wěn
少许，下笋出板二三尺，埋筑土内，使安稳

bù yáo shàng bǎn zhōng záo èr yǎn bìng liè jù zhóu liǎng gēn mù
不摇。上板中凿二眼，并列巨轴两根（木

yòng zhì jiān zhòng zhě zhóu mù dà qī chǐ wéi fāng miào liǎng zhóu yì
用至坚重者），轴木大七尺围方妙。两轴一

cháng sān chǐ yì cháng sì chǐ wǔ cùn qí cháng zhě chū sǔn ān lí
长三尺，一长四尺五寸，其长者出笋安犁

dàn dàn yòng qū mù cháng yí zhàng wǔ chǐ yǐ biàn jià niú tuán
担。担用屈木，长一丈五尺，以便架牛团

zhuǎn zǒu zhóu shàng záo chǐ fēn pèi cí xióng qí hé féng chù xū zhí
转走。轴上凿齿分配雌雄，其合缝处须直

ér yuán yuán ér féng hé jiā zhè yú zhōng yí yà ér guò yǔ
而圆，圆而缝合。夹蔗于中，一轧而过，与

mián huā gǎn chē tóng yì zhè guò jiāng liú zài shí qí zǐ xiàng
棉花赶车③同义。蔗过浆流，再拾其滓，向

zhóu shàng yā zuǐ xī rù zài yà yòu sān yà zhī qí zhī jìn
轴上鸭嘴扱入，再轧，又三轧之，其汁尽

yǐ qí zǐ wéi xīn qí xià bǎn chéng zhóu záo yǎn zhǐ shēn yí
矣，其滓为薪。其下板承轴，凿眼只深一

cùn wǔ fēn shǐ zhóu jiǎo bù chuān tòu yǐ biàn bǎn shàng shòu zhī yě
寸五分，使轴脚不穿透，以便板上受汁也。

qí zhóu jiǎo qiàn ān tiě dìng yú zhōng yǐ biàn liè zhuǎn fán zhī
其轴脚嵌安铁锭④于中，以便捩转⑤。凡汁

jiāng liú bǎn yǒu cáo jiǎn zhī rù yú gāng nèi měi zhī yí dàn xià
浆流板有槽枧，汁入于缸内。每汁一石，下

dàn huī wǔ gě yú zhōng
石灰五合⑥于中。

注释

① 造糖车：两辊式压榨机。

② 笋：同“榫”，榫头，器物两部分利用凹凸相接的凸出的部分。

③ 赶车：压棉机。

④ 锭：通“铤”。金属块。

⑤ 捩转：转动。

⑥ 合：古代容量单位。十合为一升。

译文

造糖用的轧蔗机，规格是用上下两块横板，每块长五尺、厚五尺、宽二尺，在横板两端凿孔安上柱子。柱子上端的榫头从上横板露出一些，下端的榫头要穿过下横板二至三尺，这样才能够埋在地下，使整个车身安稳而不晃动。在上横板的中部凿两个孔眼，并排安放两根大木辊（用非常坚实的木料制成），木辊的周长七尺是最好的。两根木辊中一根长三尺，另外一根长四尺五寸，长辊的榫头露出上横板用来安装犁担。犁担是用一根长一丈五尺的弯曲的木材做成的，以便架牛团团转。辊端凿有相互配合的凹凸转动齿轮，两辊的合缝处必须又直又圆，这样缝才能密合得好。把甘蔗夹在两根辊之间一轧而过，这与轧棉花的赶车的原理是相同的。甘蔗经过压榨就会流出蔗汁，经过第二次和第三次压榨后，蔗汁就会被压榨干净，剩下的甘

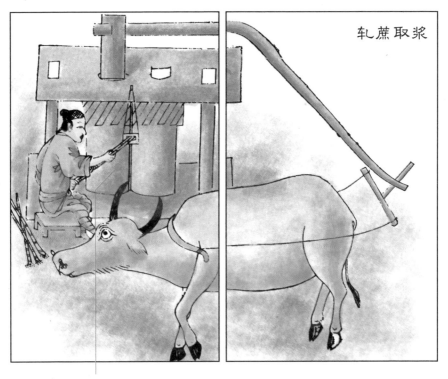

造糖车：这种造糖车效率较低，一次可榨出 50% 的蔗汁，因此要榨三次。

蔗渣可以当作烧火的燃料。下板支承轴脚的两个孔只有一寸五分深，辊轴穿不过下板，以便下板承住蔗汁。辊轴下端要嵌装铁锭子，以便于转动。承板上有过水槽，蔗汁流到缸里。每石蔗汁加入五合石灰。

　　fán qǔ zhī jiān táng　　bìng liè sān guō rú pǐn zì　　xiān jiāng
凡 取 汁 煎 糖， 并 列 三 锅 如 品 字， 先 将
chóu zhī jù rù yì guō　　rán hòu zhú jiā xī zhī liǎng guō zhī nèi
稠 汁 聚 入 一 锅， 然 后 逐 加 稀 汁 两 锅 之 内。
ruò huǒ lì shǎo shù xīn　　qí táng jí chéng wán táng①　　qǐ mò bù
若 火 力 少 束 薪， 其 糖 即 成 顽 糖 ①， 起 沫 不
zhōng yòng
中 用 ②。

注释

　　① 顽糖：由于火力不足，熬糖时间过长，糖浆部分变成转化糖并进一步热氧化分解而增加胶体物质，使糖浆呈黏胶状，泡沫不易发散，蔗糖难以起砂析出。

　　② 不中用：没有用处。

　　在取用蔗汁熬糖的时候，要把三口铁锅排列成品字形，先把浓蔗汁集中在一口锅里，然后再把稀蔗汁逐渐加入其他两口锅里。如果柴火不够火力不足，哪怕只少一把火，也会把糖浆熬成质量低劣的顽糖，满是泡沫就没有用处了。

táo shān

陶埏①

wǎ

瓦

原文

fán shān ní zào wǎ kū dì èr chǐ yú zé qǔ wú shā
凡埏②泥造瓦，掘地二尺余，择取无沙
nián tǔ ér wéi zhī bǎi lǐ zhī nèi bì chǎn hé yòng tǔ sè
粘土而为之。百里之内，必产合用③土色，
gōng rén jū shì zhī yòng fán mín jū wǎ xíng jiē sì hé fēn piàn xiān
供人居室之用。凡民居瓦形皆四合分片。先
yǐ yuán tǒng wéi mó gǔ wài huà sì tiáo jiè tiáo jiàn shú ní dié
以圆桶为模骨，外画四条界。调践熟泥，叠
chéng gāo cháng fāng tiáo rán hòu yòng tiě xiàn xián gōng xiàn shàng kòng sān
成高长方条。然后用铁线弦弓，线上空三
fēn yǐ chǐ xiàn dìng xiàng ní dǔn píng jiá yí piàn sì jiē zhǐ ér
分，以尺限定，向泥不平戛一片，似揭纸而
qǐ zhōu bāo yuán tǒng zhī shàng dài qí shāo gān tuō mó ér chū
起，周包圆桶之上。待其稍干，脱模而出，
zì rán liè wéi sì piàn fán wǎ dà xiǎo gǔ wú dìng shì dà
自然裂为四片。凡瓦大小，古无定式④，大

者纵横八九寸，小者缩十之三。室宇⑤合沟

中，则必需其最大者，名曰沟瓦，能承受

淫雨⑥不溢漏也。

注释

① 陶埏：塑造黏土烧成器皿。

② 埏：用水和土。

造瓦坯

铁线平戛：平拉铁线弦弓，割出陶泥。

四条界：瓦模桶里有四条界痕，脱模的时候瓦会分成四片。

瓦坯脱桶：将桶把向内卷缩，提出瓦桶，瓦坯就会从模桶脱落。

③ 合用：合适，适用。
④ 定式：固定的大小。
⑤ 室宇：房舍，屋宇。
⑥ 淫雨：连续不停的雨。

凡是和泥制造瓦片，需要掘地两尺多深，从中选择不含沙子的黏土来造。方圆百里之中，一定会有适合造房子所用的黏土。民房所用的瓦是四片合在一起而成型的。先用圆桶做一个模型，圆桶外壁划出四条界，把黏土踩成熟泥，并将它堆成一定厚度的长方形泥墩。然后用一个铁线制成的弦弓向泥墩平拉，割出一片三分厚的陶泥，像揭纸张那样把它揭起来，将这块泥片包紧在圆桶的外壁上。等它稍干一些以后，将模子脱离出来，就会自然裂成四片瓦坯了。瓦的大小并没有一定的规格，大的长达八九寸，小的则缩小十分之三。屋顶上的瓦沟，必须用被称为"沟瓦"的那种最大的瓦片，才能承受连续持久的大雨而不会漏雨。

zhuān

砖

原文

凡埏泥造砖，亦堀^①地验辨土色，或蓝、或白、或红、或黄（闽广多红泥。蓝者名善泥，江浙居多）。皆以粘而不散、粉

ér bù shā zhě wéi shàng　jí
而不沙者为上。汲
shuǐ zī tǔ　rén zhú shù niú
水滋土，人逐数牛
cuò zhǐ ② tà chéng chóu ní
错趾②踏成稠泥，
rán hòu tián mǎn mù kuāng ③ zhī
然后填满木匡③之
zhōng　tiě xiàn gōng jiá ④ píng
中，铁线弓戛④平
qí miàn　ér chéng pī xíng
其面，而成坯形。

① 埏：掘，挖。

② 错趾：交错足迹。

③ 匡：同"框"，这里指模子。

④ 戛：刮，割削。

　　和泥造砖，也要挖取地下的黏土，对泥土的成色加以鉴别，黏土一般有蓝、白、红、黄几种土色（福建和广东多红泥，江苏和浙江有一种名叫"善泥"的蓝色土），以黏而不散、土质细而没有沙的最好。先要浇水用于浸润泥土，再赶几头牛去践踏，踩成稠泥。然后把稠泥填满木模子，用铁线弓削平表面，脱下模子就成砖坯了。

原文

fán zhuān chéng pī zhī hòu　　zhuāng rù yáo zhōng　　suǒ zhuāng bǎi jūn
凡 砖 成 坯 之 后， 装 入 窑 中， 所 装 百 钧 ①

zé huǒ lì yí zhòu yè　　èr bǎi jūn zé bèi shí ér zú　　fán shāo
则 火 力 一 昼 夜， 二 百 钧 则 倍 时 而 足。 凡 烧

zhuān yǒu chái xīn yáo　　yǒu méi tàn yáo　　yòng xīn zhě chū huǒ chéng qīng
砖 有 柴 薪 窑， 有 煤 炭 窑。 用 薪 者 出 火 成 青

hēi sè　　yòng méi zhě chū huǒ chéng bái sè　　fán chái xīn yáo　　diān
黑 色， 用 煤 者 出 火 成 白 色。 凡 柴 薪 窑， 巅

shàng piān cè záo sān kǒng yǐ chū
上 偏 侧 凿 三 孔 以 出

yān　　huǒ zú zhǐ xīn zhī hòu ②
烟， 火 足 止 薪 之 候 ②，

ní gù sāi qí kǒng　　rán hòu
泥 固 塞 其 孔， 然 后

shǐ shuǐ zhuǎn yòu ③　　fán huǒ
使 水 转 釉 ③。 凡 火

hòu shǎo yì liǎng　　zé yòu sè
候 少 一 两， 则 釉 色

bù guāng　　shǎo sān liǎng　　zé
不 光。 少 三 两， 则

míng nèn huǒ zhuān　　běn sè zá
名 嫩 火 砖， 本 色 杂

xiàn　　tā rì jīng shuāng mào
现， 他 日 经 霜 冒

xuě　　zé lì chéng jiě sàn
雪， 则 立 成 解 散，

réng huán tǔ zhì　　huǒ hòu duō
仍 还 土 质。 火 候 多

yì liǎng　　zé zhuān miàn yǒu liè
一 两， 则 砖 面 有 裂

wén　　duō sān liǎng　　zé zhuān
纹。 多 三 两， 则 砖

济水转釉

窑门观火候：窑温550℃时为暗红色，1100℃时为橘红色，1300℃时为白色。观察到像金银熔化的现象，可知砖坯的烧成温度在1000~1300℃之间。

xíng suō xiǎo chè liè   qū qū bù shēn   jī zhī rú suì tiě rán   bú

形缩小坼裂，屈曲不伸，击之如碎铁然，不

shì yú yòng

适于用。

注释

① 百钧：三千斤。钧，古代重量单位，一钧为三十斤。
② 火足止薪之候：火候已足，停止添柴的时候。
③ 使水转釉：在窑顶浇水使砖变成青灰色。

译文

　　砖坯做好后就可以装窑烧制了，每装三千斤砖要烧一个昼夜，装六千斤则要烧上两昼夜才能够火候。烧砖有的用柴薪窑，有的用煤炭窑。用柴烧成的砖呈青灰色，而用煤烧成的砖呈浅白色。柴薪窑顶上偏侧凿有三个孔用来出烟，当火候已足而不需要再烧柴时，就用泥封住出烟孔，然后在窑顶浇水使砖变成青灰色。烧砖时，如果火力缺少一两，砖就会没有光泽。火力缺少三两，就会烧成嫩火砖，现出坯土的原色，日后经过霜雪风雨侵蚀，就会立即松散而重新变回泥土。如果过火一两，砖面就会出现裂纹。过火三两，砖块就会缩小拆裂，弯曲不直，一敲就碎，如同一堆烂铁，就不再适于砌墙了。

原文

fán zhuǎn yòu zhī fǎ   yáo diān zuò yì píng tián yàng   sì wéi

凡转釉之法，窑巅作一平田样，四围

shāo xián qǐ guàn shuǐ qí shàng zhuān wǎ bǎi jūn   yòng shuǐ sì shí dàn

稍弦起，灌水其上。砖瓦百钧，用水四十石①。

水^{shuǐ}神^{shén}透^{tòu}入^{rù}土^{tǔ}膜^{mó}之^{zhī}下^{xià}，
与^{yǔ}火^{huǒ}意^{yì}相^{xiāng}感^{gǎn}而^{ér}成^{chéng}，
水^{shuǐ}火^{huǒ}既^{jì}济^{jì}，其^{qí}质^{zhì}千^{qiān}
秋^{qiū}矣^{yǐ}。若^{ruò}煤^{méi}炭^{tàn}窑^{yáo}视^{shì}
柴^{chái}窑^{yáo}深^{shēn}欲^{yù}倍^{bèi}之^{zhī}，其^{qí}
上^{shàng}圆^{yuán}鞠^{jū}渐^{jiàn}小^{xiǎo}，并^{bìng}不^{bù}
封^{fēng}顶^{dǐng}。其^{qí}内^{nèi}以^{yǐ}煤^{méi}造^{zào}
成^{chéng}尺^{chǐ}五^{wǔ}，径^{jìng}阔^{kuò}饼^{bǐng}，
每^{měi}煤^{méi}一^{yì}层^{céng}，隔^{gé}砖^{zhuān}一^{yì}
层^{céng}，苇^{wěi}薪^{xīn}垫^{diàn}地^{dì}发^{fā}火^{huǒ}。

捻烟：火候够了就不再烧煤炭，并且塞住顶上偏侧的三个出烟孔。

① 石：容量单位，十斗为一石。

使砖变成青灰色的方法，是在窑顶做一个平台，平台四周应该稍高一点，在上面灌水。每烧三千斤砖瓦要灌水四十石。窑顶的水从窑壁的土层渗透下来，与窑内的火相互作用，借助水火的配合作用，就可以形成坚实耐用的砖块了。煤炭窑要比柴薪窑深一倍，顶上圆拱逐渐缩小，而不用封顶。窑里面堆放

直径约一尺五寸的煤饼，每放一层煤饼，就添放一层砖坯，最下层垫上芦苇柴草以便引火烧窑。

罂瓮①

原文

凡陶家为缶②属，其类百千。大者缸瓮，中者钵盂③，小者瓶罐，款制各从方土④，悉数之不能。

凡罂缶有耳嘴者皆另为合上，以釉水涂粘。陶器皆有底，无底者则陕以西炊甑⑤用瓦不用木也。

造瓶

釉水涂粘：釉水是由釉料和泥浆水调成的。用釉水涂粘可使接口的烧结温度降低，利于接合。

① 罂瓮：两种小口大腹的陶制盛器。

② 缶：小口大腹陶器的统称。

③ 钵盂：出家人的饭器。

④ 方土：泛指各地方。

⑤ 甑：古代蒸具。

陶坊制造的缶，种类很多。较大的有缸、瓮，中等的有钵、盂，小的有瓶、罐。各地的式样都不太一样，难以一一列举。

罂缶如果有嘴和耳的话，都是另外用釉水粘上去的。陶器都有底，没有底的只有陕西以西地区蒸饭用的甑子，它是用陶土烧成的而不是用木料制成的。

原文

fán gāng　　　píng yáo bù yú píng dì　　　bì yú xié fù shān gāng
凡缸、瓶窑不于平地，必于斜阜山冈

zhī shàng　 yán cháng zhě huò èr sān shí zhàng　 duǎn zhě yì shí yú zhàng
之上。延长者或二三十丈，短者亦十余丈，

lián jiē wéi shù shí yáo　　jiē yì yáo gāo yì jí　　gài yī bàng shān
连接为数十窑，皆一窑高一级。盖依傍山

shì　　suǒ yǐ qū liú shuǐ shī zī zhī huàn　　ér huǒ qì yòu xún jí
势，所以驱流水湿滋之患，而火气又循级 ①

tòu shàng　 qí shù shí fāng chéng táo zhě　　qí zhōng kǔ wú zhòng zhí wù
透上。其数十方成陶者，其中苦无重值物 ②，

hé bìng zhòng lì zhòng zī ér wéi zhī yě　　qí yáo jū　 chéng zhī hòu
合并众力众资而为之也。其窑鞠 ③ 成之后，

上铺覆以绝细土，厚三寸许，窑隔五尺许，则透烟窗，窑门两边相向而开。装物以至小器装载头一低窑，绝大缸瓮装在最末尾高窑。发火先从头一低窑起，两人对面交看火色。大抵陶器一百三十斤，费薪百斤。火候足时，掩闭其门，然后次发第二火，以次结竟至尾云。

瓶窑连接缸窑

① 循级：逐级。循，依次，按照。

② 重值物：贵重的物品。

③ 鞠：砌成，制造。

缸窑和瓶窑都不是建在平地上，而是必须建在山冈的斜坡上。长的窑有二三十丈，短的窑也有十多丈，几十个窑连接在一起，一个窑比一个窑高。这样依傍山势，既可以避免积水，又可以使火力逐级向上渗透。几十个窑连接起来所烧成的陶器，虽然不怎么值钱，但也是需要好多人合资合力才能做到。窑顶的圆拱砌成之后，上面要铺一层三寸厚的极细土，窑顶每隔五尺开一个透烟窗，窑门是在两侧相向而开的。最小的陶件装入前头的最低窑，最大的缸瓮则装在末尾的最高窑。烧窑是从最低的窑烧起，两个人面对面观察火色。大概陶器一百三十斤，需要用柴一百斤。当第一窑火候足够的时候，关闭窑门，再烧第二窑，就这样逐一烧窑直到最高的窑为止。

白瓷
bái cí

原文

凡造杯盘，无有定形模式，以两手捧
fán zào bēi pán   wú yǒu dìng xíng mó shì   yǐ liǎng shǒu pěng

泥盔冒之上，旋盘使转，拇指剪去甲，按
ní kuī mào zhī shàng   xuán pán shǐ zhuàn   mǔ zhǐ jiǎn qù jiǎ   àn

定泥底，就大指薄旋而上，即成一杯碗之形（初学者任从作费，破坏取泥再造）。功多业熟，即千万如出一范。凡盔冒上造小坯者，不必加泥；造中盘、大碗则增泥大其冒，使干燥而后受功。凡手指旋成坯后，覆①转用盔冒一印，微晒留滋润，又一印，晒成极白干。入水一汶②，漉上盔冒，过利刀二次（过刀时手脉微振，烧出即成雀口③），然后补整碎缺，就车上旋转打图。圈后或画或书字，画后喷水数口，然后过釉。

① 覆：颠倒，翻过来。

② 入水一汶：入水一蘸而起。汶，蘸。

③ 雀口：牙边，缺口。

造杯盘没有固定的模式，用双手捧泥放在盔头上，拨盘使其旋转起来，用剪净指甲的拇指按住泥底，使瓷泥沿着拇指旋

转向上展薄，就可以捏塑成
杯碗的形状（初学者塑不好
没有关系，因为陶泥可以反
复使用）。功夫深技术熟练的
人，就可以做到千万个杯碗
好像都是用同一个模子印出
来的。在盔帽上塑造小坯时，
不必加泥；塑中盘和大碗时，
就要加泥扩大盔帽，等陶泥
晾干以后再加工。用手指在
陶车上旋成泥坯之后，把它
翻过来罩在盔帽上印一下，
稍晒一会儿，当坯还保持湿

润的时候，再印一次，然后再把它晒得又干又白。再蘸一次水，
沥干放在盔帽上，用利刀刮削两次（执刀时一定要非常稳定，
如果稍有振动，瓷器成品就会有缺口）。坯修好以后就可以在旋
转的陶车上画圈。接着，在瓷坯上绘画或者写字，喷上几口水，
然后再上釉。

原文

　　凡瓷器经画过釉之后，装入匣钵[1]（装
时手拿微重，后日烧出，即成坳口，不复
周正）。钵以粗泥造，其中一泥饼托一器，

底空处以沙实之。大器一匣装一个，小器
十余共一匣钵。钵佳者装烧十余度，劣者
一二次即坏。凡匣钵装器入窑，然后举火。
其窑上空十二圆眼，名曰天窗。火以十二
时辰②为足。先发门火十个时，火力从下
攻上，然后天窗掷柴烧两时，火力从上透
下。器在火中，其软如棉絮，以铁叉取一③，
以验火候之足。辨认真足，然后绝薪止火。
共计一杯工力，过手七十二，方克成器。
其中微细节目尚不能尽也。

注释

①匣钵：装烧瓷器的重要窑具之一。匣钵是用耐火泥料制
成的各种规格的圆钵，经高温焙烧而成。各种瓷坯，都要先装
入匣钵，然后才装进窑炉焙烧。

②时辰：一个时辰等于两小时。一昼夜为十二个时辰。

③一：指一个火照子，即一块上釉的碎片。

译文

瓷器坯子经过画彩和上釉之后，装入匣钵（装时如果用力

稍重，烧出的瓷器就会凹陷变形，不再周正）。匣钵是用粗泥造成的，其中每一个泥饼托住一个瓷坯，底下空的部分用沙子填实。大件的瓷坯一个匣钵只能装一个，小件的瓷坯一个匣钵可以装十几个。好的匣钵可以装烧十几次，差的匣钵用一两次就坏了。把装满瓷坯的匣钵放入窑后，就开始点火烧窑。窑顶有十二个圆孔，这叫天窗。烧十二个时辰火候就足了。先从窑门发火烧十个时辰，火力从下向上攻，然后从天窗丢进柴火入窑烧两个时辰，火力从上往下透。瓷

瓷器窑

门火：从窑门发火，烧十个时辰，火力从下攻上。

天窗：从天窗把柴丢入窑内，烧两个时辰，火力从上透下。

器在高温烈火中软得像棉絮一样，用铁叉取出一个照子用以检验火候是否已经足够。火候足了的话就应该停止烧窑了。合计造一个瓷杯要经过七十二道工序才能完成，其中许多细节还没有计算在内呢！

冶 yě 铸 zhù

钟 zhōng

原文

凡钟，为金乐之首。其声一宣①，大者闻十里，小者亦及里之余。故君视朝、官出署，必用以集众；而乡饮酒礼，必用以和歌；梵宫②仙殿，必用以明挕③谒者④之诚，幽起鬼神之敬。

 注释

① 宣：传播。

② 梵宫：佛寺。

③ 挕：打动。

④ 谒者：朝拜的人。

钟是最重要的金属乐器。钟的响声，大的十里之内都可以听得到，小的钟声也能传开一里多。所以君主临朝听政、官府升堂审案，一定要用钟声来召集下属或者民众；各地方上举行乡饮酒礼，也一定会用钟声来和歌伴奏；佛寺仙殿，一定会用钟声来打动人间世俗朝拜者的诚心，唤起对鬼神们的敬意。

凡造万钧钟与铸鼎法同。堀①坑深丈几尺，燥筑②其中如房舍。埏泥作模骨，其模骨用石灰三和土③筑，不使有丝毫隙坼④。干燥之后，以牛油、黄蜡附其上数寸。油、蜡分两：油居什八，蜡居什二。其上高蔽抵晴雨（夏月不可为，油不冻结）。油蜡墁⑤定，然后雕镂书文、物象，丝发成就⑥。然后，舂筛绝细土与炭末为泥，涂墁以渐⑦而加厚至数寸。使其内外透体干坚，外施火力炙化其中油蜡，从口上孔隙

róng liú jìng jìn zé qí zhōng kōng chù jí zhōng dǐng tuō tǐ zhī qū
熔流净尽，则其中空处即钟、鼎托体之区

yě fán yóu là yì jīn xū wèi tián tóng shí jīn sù yóu shí jìn
也。凡油蜡一斤虚位，填铜十斤。塑油时尽

yóu shí jīn zé bèi tóng bǎi jīn yǐ sì zhī
油十斤，则备铜百斤以俟之。

① 堀：掘，挖。
② 燥筑：干着夯实。
③ 三和土：由石灰、细砂、黏土三者拌和而成。
④ 隙坼：裂缝。
⑤ 墁：涂抹，粉饰。
⑥ 丝发成就：所铸的物象图案，一丝一发都要认真做成。
⑦ 涂墁以渐：一点儿一点儿地向上墁泥。

　　铸造万斤以上的大朝钟之类的钟和铸鼎的方法是相同的。先挖掘一个一丈多深的地坑，使坑内保持干燥，并把它构筑成像房舍一样。用石灰、细砂和黏土塑造调和成的土塑造内模，内模要求做得没有丝毫裂缝。内模干燥以后，用牛油加黄蜡在上面涂约有几寸厚。油和蜡的比例是：牛油占十分之八，黄蜡占十分之二。在钟模型的顶上搭建一个高棚用以防日晒雨淋（夏天不能做模子，因为油蜡不能冻结）。油蜡层涂好并用墁刀批荡平整后，就可以在上面精雕细刻上各种所需的文字和图案，再用舂碎和筛选过的极细泥粉和炭末，调成糊状，逐层涂铺在油蜡上约有几寸厚。等到外模的内外都自然干透坚固后，便在上

铸鼎

面用慢火烤炙，使里面的油蜡熔化而从模型的下口流干净。这时，内外模之间的空腔就成了钟、鼎成型的区域了。每一斤油蜡空出的位置需要十斤铜来填充，所以如果塑模时用去十斤油蜡，就需要准备好一百斤铜。

原文

　　zhōng jì kōng jìng　　zé yì róng tóng　　fán huǒ tóng ① zhì wàn
　　中 既 空 净， 则 议 熔 铜。 凡 火 铜 ① 至 万

jūn　　fēi shǒu zú suǒ néng qū shǐ　　sì miàn zhù lú　　sì miàn ní
钧， 非 手 足 所 能 驱 使， 四 面 筑 炉， 四 面 泥

zuò cáo dào　　qí dào shàng kǒu chéng jiē lú zhōng　　xià kǒu xié dī yǐ
作 槽 道， 其 道 上 口 承 接 炉 中， 下 口 斜 低 以

jiù zhōng　　dǐng rù tóng kǒng　　cáo páng yì qí hóng tàn chì wéi　　hóng lú
就 钟、 鼎 入 铜 孔， 槽 傍 一 齐 红 炭 炽 围。 洪 炉

熔化时，决开槽梗（先泥土为梗塞住），一齐如水横流，从槽道中枧注而下，钟、鼎成矣。凡万钧铁钟与炉、釜，其法皆同，而塑法则由人省啬②也。

注释

① 火铜：黄铜，即铜锌合金。

② 省啬：节省，简略。

铸千斤钟与仙佛像

译文

内外模之间的油蜡已经流净后，就着手熔化铜了。要熔化的火铜如果达到万斤以上，就不能再靠人的手脚来浇注了。那就要在钟模的周围修筑好多熔炉和泥槽，槽的上端同炉的出口连接，下端倾斜接到模的浇口上，槽的两旁还要用炭火围起来。当所有熔炉的铜都已经熔化时，就打开出口的塞子（事先用泥塞塞住），铜就会像水流那样沿着泥槽注入模内。这样，钟或鼎便铸成了。一般而言，万斤以上的铁钟、香炉和大锅，它们的铸造都是用这种方法，只是塑造模子的细节可以由人们根据不同的条件与要求而适当有所省略而已。

原文

凡铁钟模不重费油蜡者，先埏土作外模，剖破两边形，或为两截，以子口串合，翻刻书文于其上。内模缩小分寸，空其中体，精算①而就。外模刻文后，以牛油滑之，使他日器无粘糁②。然后盖上，泥合其缝而受铸焉。巨磬③、云板④，法皆仿此。

注释

① 筭：同"算"。

② 糁：黏而稠的粥。这里引申为黏黏糊糊。

③ 巨磬：佛寺中的钵形铜铸打击乐器。

④ 云板：一种长形扁铁板做的打击乐器。

译文

铸造铁钟的模子不用花费很多油蜡，先用黏土做成外模，这是剖成左右两半或是上下两截的外模，并在剖面边上制成有接合的子母口，然后将文字和图案反刻在外模的内壁上。内模要缩小一定的尺寸，以

翻刻外模：外模内壁上反刻好文字、图案后，要用牛油涂滑，以免浇铸时粘模。

使内外模之间留有一定的空隙，这要经过精密的计算来确定。外模刻好文字和图案以后，还要用牛油涂滑它，以免以后浇铸时铸件粘模。然后把内外模组合起来，并用泥浆把内外模的接口缝封好，便可以进行浇铸了。巨磬和云板的铸法与这类似。

qián
钱

原文

凡铸钱模①，以木四条为空匡（木长一尺二寸，阔一寸二分）。土、炭末筛令极细，填实匡中，微洒杉木炭灰或柳木炭灰于其面上，或熏模则用松香与清油。然后，以母钱②百文（用锡雕成）或字或背布置其上。又用一匡，如前法填实合盖之，既合之后，已成面、背两匡。随手覆转，则母钱尽落后匡之上。又用一匡填实，合上后匡，如是转覆，只合十余匡。然后，以绳捆定。其木匡上弦原留入铜眼孔，铸工用鹰嘴钳，洪炉提出熔罐，一人以别钳扶抬罐底相助，逐一倾入孔中。

注释

① 铸钱模：这是用锡质母钱印出的泥模。

② 母钱：古时翻铸大量钱币时，中央和地方财政所制作的标准样板钱。

译文

　　铸钱的模子是用四根木条构成空框（木条各长一尺二寸，宽一寸二分），用筛过的极细的泥粉和炭粉混合后填实空框，面上再撒上少量杉木或柳木炭灰，或用松香和菜籽油的混合烟熏过。然后把一百枚用锡雕成的母钱按有字的正面或者按无字的背面铺排在框面上。又用一个如上述方法填实泥粉和炭粉的木框合盖上去，就构成了钱的面、背两框模。接着，随手把它翻过来，揭开前框，全部母钱就脱落在后框上了。再用另一个填实了的木框合盖在后框上，照样翻转，就这样反复做成十几套框模。然后把它们叠合在一起用绳索捆绑固定。木框的边缘上原来留有灌注铜液的口子，铸工用鹰嘴钳把熔铜坩埚从炉里提出来，另一人用钳托着坩埚底部，共同把熔铜液注入模子中。

原文

lěng dìng　　jiě shéng kāi kuāng　　zé lěi luò　　bǎi wén　　rú
冷定，解绳开匡，则磊落①百文，如

huā guǒ fù zhī　　mó zhōng yuán yìn kōng gěng　　zǒu tóng rú shù zhī yàng
花果附枝，模中原印空梗，走铜如树枝样。

jiā chū zhú yī zhāi duàn　　yǐ dài mó cuò chéng qián　　fán qián　　xiān
挟出逐一摘断，以待磨锉成钱。凡钱，先

cuò　　biān yán　　yǐ zhú mù tiáo zhí guàn shù bǎi wén shòu cuò　　hòu cuò
错②边沿，以竹木条直贯数百文受锉；后锉

píng miàn　　zé zhú yī wéi zhī
平面，则逐一为之。

 注释

① 磊落：众多、错杂的样子。

② 错：挫。

译文

冷却之后，解下绳索打开
框，只见密密麻麻的一百个
铜钱就像累累果实结在树枝
上一样，因为模中原来的铜
水通路也已经凝结成树枝状
的铜条网络了。把它夹出来
将钱逐个摘下，以便于磨锉
加工。先锉铜钱的边沿，用
竹条或木条串几百个铜钱一
起锉；然后，逐个锉平铜钱
表面不规整的地方。

漕舫^①

cáo fǎng

原文

fán jīng shī wéi jūn mín jí qū　　wàn guó shuǐ yùn yǐ gōng chǔ

凡京师为军民集区，万国水运以供储，

cáo fǎng suǒ yóu xīng yě　　yuán cháo hùn yī②　　yǐ yān jīng③ wéi dà

漕舫所由兴也。元朝混一^②，以燕京^③为大

dū　　nán fāng yùn dào　　yóu sū zhōu liú jiā gǎng　　hǎi mén huáng lián

都。南方运道，由苏州刘家港、海门黄连

shā kāi yáng④　　zhí dǐ tiān jīn　　zhì dù yòng zhē yáng chuán　　yǒng lè

沙开洋^④，直抵天津，制度用遮洋船。永乐

jiān yīn⑤ zhī　　yǐ fēng tāo duō xiǎn　　hòu gǎi cáo yùn

间因^⑤之。以风涛多险，后改漕运。

 注释

① 漕舫：漕船。这是始于秦代终于清代的历代封建王朝专
运田赋粮的船。

② 混一：统一。

③ 燕京：今北京。

④ 开洋：出海。

⑤ 因：遵循。

 译文

京都是军队与百姓聚居的地区，全国各地都要利用水运向它供应物资，漕船就这样兴起来了。元朝统一全国之后，以北京为大都。当时由南方到北方的航道，是从苏州的刘家港或是从海门的黄连沙出发，沿海路直达天津，用的是遮洋船。一直到明朝的永乐年间还是这样。后来因为海洋中风浪太大，危险过多，因此就改为漕运了。

原文

píng jiāng bó chén mǒu
平江伯陈某①，
shǐ zào píng dǐ qiǎn chuán
始造平底浅船，
zé jīn liáng
则今粮
chuán zhī zhì yě
舡②之制也。
fán chuán zhì
凡船制，
dǐ wéi dì
底为地，
fāng wéi gōng
枋③为宫
qiáng
墙，
yīn yáng zhú wéi fù wǎ
阴阳竹为覆瓦；
fú shī
伏狮④，
qián wéi fá yuè
前为阀阅⑤，
hòu wéi qǐn táng
后为寝堂；
wéi wéi nǔ xián
栀为弩弦，
péng wéi yì
篷⑥为翼；
lǔ wéi chē
橹为车
mǎ
马；
tán qiàn
篷纤⑦
wéi lǚ xié
为履鞋；
yù suǒ wéi yīng diāo jīn gǔ
绲索为鹰雕筋骨；
zhāo wéi
招为
xiān fēng
先锋，
duò
舵⑧
wéi zhǐ huī zhǔ shuài
为指挥主帅；
máo wéi zhā jūn yíng zhài
锚为扎军营寨。

 注释

① 平江伯陈某：明朝永乐年间被封为平江伯的陈瑄。

②舡：同"船"。

③枋：截面为方形的木条。

④伏狮：船头或船尾顶部的大横木。

⑤阀阅：世宦门前旌表功绩的柱子。

⑥篷：船帆。

⑦篁纤：拉船索。

⑧舵：船尾用来控制航向的装置。

译文

　　平江伯陈某，首先制造平底浅船，也就是现在的运粮船。这

漕舫

柂楼：船上操舵的屋子，也指后舱室，因高起如楼，所以有此称呼。
定风旗：装在桅杆上，用来测风向、风力的旗子。

种船，船底相当于地板，枋木相当于宫墙，阴阳竹相当于屋顶；头伏狮相当于屋前的门楼柱，梢尾狮相当于寝室；桅杆就像一张弓弩的弦，风帆像弓弩的翼；橹相当于拉车的马；拉船缆索相当于鞋子；系锚粗缆就像鹰雕的筋骨；船头第一桨好比开路先锋，尾舵则是指挥航行的主帅；如果要安营扎寨，就一定要使用锚了。

杂舟

zá zhōu

原文

江、汉课舡①。身甚狭小而长，上列十余仓，每仓容止一人卧息。首尾共桨六把，小桅篷一座。风涛之中，恃有多桨挟持。不遇逆风，一昼夜顺水行四百余里，逆水亦行百余里。国朝盐课②，淮扬③数颇多，故设此运银，名曰课舡。行人欲速者亦买之。其舡南自章④、贡⑤，西自荆、襄，达于瓜、仪而止。

注释

① 课舡：官府运载税银的船只。

② 盐课：旧时以食盐为对象所征的税课。

③ 淮扬：指淮扬盐场，在今江苏黄海沿岸一带。

④章：即章水，在今江西赣江西源。

⑤贡：即贡水，在今江西赣江东南。

译文

　　长江、汉水上行驶的课船，船身狭长，前后共有十多个舱，每个舱有一个铺位。整只船总共有六把桨和一座小桅帆。在风浪中靠这几把桨推动划行。如果不遇上逆风，仅一昼夜顺水可以行驶四百多里，逆水也能行驶一百多里。本朝的盐税中，淮扬盐场的税银很多，用这种船来运送税银，所以称它为课船。来往旅客想追求速度的，也租用这种船。课船的航线一般是南从江西的章水、贡水出发，西从湖北的荆州、襄阳出发，到江苏的瓜州、仪征为止。

六桨课舡

课舡：这种船前行的速度很快，就像快艇一样。

chē

车

fán chē lì xíng píng dì   gǔ zhě qín   jìn   yān   qí zhī
凡车利行平地。古者秦、晋、燕、齐之

jiāo   liè guó zhàn zhēng bì yòng chē   gù qiān shèng   wàn shèng zhī
交，列国战争必用车，故千乘①、万乘之

hào   qǐ zì zhàn guó
号，起自战国。

注释

① 千乘：拥有战车千辆。古代四马驾一车为一乘。

译文

车适合在平地上驾驶。战国时期，秦、晋、燕、齐各诸侯国之间交战都要使用车，因此就有所谓"千乘之国""万乘之国"的说法。

原文

fán sì lún dà chē   liàng kě zài wǔ shí dàn   luó mǎ duō zhě
凡四轮大车，量可载五十石，骡马多者

huò shí èr guà huò shí guà   shǎo yì bā guà   zhí biān zhǎng yù zhě
或十二挂或十挂，少亦八挂。执鞭掌御者

jū xiāng zhī zhōng   lì zú gāo chù   qián mǎ fēn wéi liǎng bān   zhàn chē
居箱之中，立足高处。前马分为两班（战车

sì mǎ yì bān   fēn cān   fú①   jiū huáng má wéi cháng suǒ
四马一班，分骖、服①）。纠黄麻为长索，

fēn jì mǎ xiàng   hòu tào zǒng jié shōu rù héng②   nèi liǎng páng   zhǎng yù
分系马项，后套总结收入衡②内两傍。掌御

者手执长鞭，鞭以麻为绳，长七尺许，竿
身亦相等。察视不力③者，鞭及其身。箱
内用二人踹④绳，须识马性与索性者为之。
马行太紧，则急起踹绳，否则，翻车之祸，
从此起也。凡车行时，遇前途行人应避者，
则掌御者急以声呼，则群马皆止。凡马索
总系透衡入箱处，皆以牛皮束缚，《诗经》
所谓"胁驱⑤"是也。

 注释

①骖、服：驾车的两种功能的马，居中驾辕的叫服马，两
旁的叫骖马。

②衡：车辕前端的横木。

③不力：不肯用力。

④踹：踩。

⑤胁驱：一种驭车马的驾具。

 译文

四轮的大马车，运载量为五十石，所用的骡马，多的有
十二匹或者十匹，少的也有八匹。驾车人站在车厢中间的高处
掌鞭驾车。车前的马分为前后两排（战车以四匹马为一排，靠

外的两匹叫骖，居中的两匹叫服）。用黄麻拧成长绳，分别系住马脖子，收拢成两束，并穿过车前中部横木而进入厢内左右两边。驾车人手执的长鞭是用麻绳做的，约七尺长，竿也有七尺长。看到有不卖力气的马，就挥鞭打到它身上。车厢内由两个识马性和会掌绳子的人负责踩绳。如果马跑得太快，就要立即踩住缰绳，否则可能翻车。车在行进时，如果前面遇到行人要停车让路，驾车人立即发出吆喝声，马就会停下来。马缰绳收拢成束并透过衡进入车厢，都用牛皮束缚，这就是《诗经》中所说的"胁驱"。

合挂大车

辋：车轮周围的框子。　辐：车轮中连接毂和辋的一条条直木。
毂：车轮的中心部分，有圆孔，可以插轴。

锤锻
chuí duàn

针
zhēn

凡针，先锤铁为细条，用铁尺一根，锥成线眼，抽过条铁成线，逐寸剪断为针。先镁其末成颖①，用小槌敲扁其本，钢锥穿鼻②，复镁其外。然后入釜，慢火炒熬。炒后，以土末入松木火矢③、豆豉三物罨盖，下用火蒸。留针二三口插于其外，以试火候。其外针入手捻成粉碎，则其下针火候皆足。然后开封，入水健之。凡引线成衣与刺绣者，其质皆刚；惟马尾刺工④为冠者，则用柳条软针。分别之妙，在于水火健法云。

注释

① 颖：东西末端的尖锐部分。

② 鼻：指针眼。

③ 松木火矢：松木炭粉。

④ 马尾刺工：福建马尾那里的刺绣工。马尾，地名，在福建福州东南，以刺绣著称于世。

译文

造针，先将铁片锤成细条，再在一根铁尺上钻出小孔作为针眼，然后将细铁条从线眼中抽过便成铁线，再将铁线逐寸剪断成为针坯。把针坯的一端锉尖，而另一端锤扁，用硬锥钻出针眼，再把针的周围锉平整。这时再放入锅里，用慢火炒。炒过之后，就用泥粉、松木炭和豆豉这三种混合物掩盖，下面再用火蒸。留两三根针插在混合物外面作为观察火候之用。当外面的针已经完全氧化到能用手捻成粉末时，表明混合物盖住的针已经达到火候了。然后开封，经过淬火，便成为针。凡是缝衣服和刺绣所用的针都比较硬；只有福建马尾的工人缝帽子才用柳条软针。针软硬差别的诀窍在于淬火方法的不同。

fán shí
燔石

shí huī
石灰

原文 凡石灰，经火焚炼为用。成质之后，入水永劫①不坏。亿万舟楫，亿万垣墙②，室隙防淫③，是必由之。百里内外，土中必生可燔石④。石以青色为上，黄白次之。石必掩土内二三尺，堀取受燔，土面见风者不用。燔灰火料，煤炭居十九，薪炭居什一。先取煤炭、泥和做成饼，每煤饼一层，叠石一层，铺薪其底，灼火燔之。最佳者曰

kuàng huī　　zuì è zhě yuē yáo zǐ huī　huǒ lì dào hòu　shāo sū

矿灰，最恶者曰窑滓灰。火力到后，烧酥

shí xìng　　zhì yú fēng zhōng　jiǔ zì chuī huà chéng fěn　　jí yòng zhě

石性。置于风中，久自吹化成粉。急用者

yǐ shuǐ wò zhī　　yì zì jiě sàn

以水沃之，亦自解散。

① 永劫：永没有穷尽的时候。

② 垣墙：围墙，矮墙。

③ 窒隙防淫：堵住缝隙，
防止漏水。

④ 燔石：焙烧的矿石。

石灰是由石灰石经过烈
火烧炼而成的。石灰质形成
之后，即便遇到水也永远不
会变坏。多少船只，多少墙
壁，凡是需要填隙防水的，
一定要用到它。方圆百里之
间，必定会有可供煅烧石灰
的石头。这种石灰石以青色
的为最好，黄白色的则差些。
石灰石一般埋在地下二三尺，
可以挖取进行烧炼，但表面
已经风化就不能用了。烧炼

煤饼烧石成爻

入水永劫不坏：生石灰吸水变
成熟石灰，熟石灰能够吸收空
气中的二氧化碳，转化为碳酸
钙，所以永劫不坏。

石灰的燃料，煤占十分之九，柴炭占十分之一。先把煤掺和泥做成煤饼，然后一层煤饼一层石相间着堆砌，底下铺柴引燃煅烧。质量最好的叫矿灰，最差的叫窑滓灰。火候足后，石头就会变脆。放在空气中会慢慢风化成粉末。着急用的时候洒上水，也会自动散开。

煤炭

原文

凡煤炭①，普天皆生，以供锻炼金石之用。南方秃山无草木者，下即有煤。北方勿论。

凡取煤经历久者，从土面能辨有无之色，然后掘挖。深至五丈许，方始得煤。初见煤端时，毒气②灼人。有将巨竹凿去中节，尖锐其末，插入炭中，其毒烟从竹中透上。人从其下施钁③拾取者。或一井而下，炭纵横广有，则随其左右阔取。其上支板，以防压崩耳。

①煤炭：被誉为黑色的金子，是十八世纪以来人类世界使用的主要能源之一。我国是世界上用煤最早的国家之一。

②毒气：现在俗名叫瓦斯，当它在空气中达到一定浓度时，如遇明火则有强烈的爆炸性。

③施镢：用大锄挖。

煤炭各地都有出产，供冶金和烧石之用。南方不生长草木的秃山底下便有煤，北方却不一定是这样。

采煤经验多的人，从地面上的土质情况就能判断地下是不是有煤，然后再往下挖掘，挖到五丈深左右才能得到煤。煤层出现的时候，毒气冒出能伤人。一种方法是将大竹筒的中节凿通，削尖竹筒末端，插入煤层，毒气便通过竹筒往上空排出，人就可以下去用大锄挖煤了。有时井下发现煤层向四方延伸，人就可以横打巷道进行挖取。巷道要用木板支护，以防崩塌伤人。

南方挖煤

毒烟气：俗名瓦斯，无色、无味、易燃，对人体有毒害作用。

硫黄

原文

凡烧硫黄石①与煤矿石②同形。掘取其石，用煤炭饼包裹丛架，外筑土作炉。炭与石皆载千斤于内，炉上用烧硫旧滓罨盖，中顶隆起，透一圆孔，其中火力到时，孔内透出黄焰金光。先教陶家烧一钵盂，其盂当中隆起，边弦卷成鱼袋样，覆于孔上。石精感受火神，化出黄光飞走，遇盂掩住，不能上飞，则化成汁液，靠著盂底，其液流入弦袋之中，其弦又透小眼，流入冷道灰槽小池，则凝结而成硫黄③矣。

注释

① 烧硫黄石：指黄铁矿石。

② 煤矿石：含煤黄铁矿石。

③ 凝结而成硫黄：这是分解、升华、蒸馏、冷凝四位一体的炼硫法。

烧取硫黄的矿石与煤矿
石的形状相同。挖掘矿石，用
煤饼将其包裹并堆垒起来，外
面夯实泥土造炉。每炉的石
料和煤饼都有千斤左右，炉
上用烧硫的旧渣掩盖，炉顶
中间要隆起，空出一个圆孔，
燃烧到一定程度，炉孔内便
会有金黄色的气体冒出。预
先请陶工烧制一个中部隆起
的盂钵，盂钵边缘往内卷成
鱼袋形状的凹槽。烧硫黄时，
将盂钵覆盖在炉孔上，石内的

烧取硫黄

成分受到火的作用，化面黄色蒸气沿着炉孔上升，被盂钵挡住
而不能跑掉，于是冷凝成液体，沿着盂钵的内壁流入凹槽，又
透过小眼沿着冷却管道流进小池子，最终凝结而变成固体硫黄。

gāo

膏

yè

液

fǎ jù

法具

原文

凡榨，木巨者围必合抱①，而中空之。
其木樟为上，檀与杞②次之（杞木为者妨
地湿则速朽）。此三木者脉理循环结长，非
有纵直文，故竭力挥椎，实尖其中，而两
头无璺坼③之患，他木有纵文者不可为也。
中土④、江北少合抱木者，则取四根合并为
之，铁箍裹定，横拴串合，而空其中，以
受诸质，则散木有完木之用也。凡开榨⑤，

空中其量随木大小，大者受一石有余，小者受五斗不足。凡开榨，辟中，凿划平槽一条，以宛凿⑥入中，削圆上下，下沿凿一小孔，剧⑦一小槽，使油出之时流入承藉器中。其平槽约长三四尺，阔三四寸，视其身而为之，无定式也。

注释

① 合抱：两臂围拢，多用来指树木、柱子等的粗细。

② 杞：杞柳。优质的木材。

③ 璺坼：开裂破散。璺，裂纹；坼，裂开。

④ 中土：中原一带。

⑤ 开榨：这里指制作榨具，而不是指开始榨油。

⑥ 宛凿：弧形凿。

⑦ 剧：削。

译文

榨具要用周长达到两臂伸出才能环抱住的木材来做，将木头中间挖空。用樟木做的最好，用檀木与杞木做的要差一些（杞木做的怕潮湿、容易腐朽）。这三种木材的纹理都是缠绕扭曲的，没有纵直纹，因此把尖楔插在其中并尽力捶打时，木材的两头不会裂开，其他有直纹的木材则不适宜。中原地区长江以

南方榨

北很少有两臂抱围的大树，可用四根木拼合起来，用铁箍箍紧，再用横栓拼合起来，中间挖空，以便放进用于压榨的油料，这样就可以把散木当成完整的木材来使用了。做榨时，榨的中间挖空多少要以木料的大小为准，大的可以装下一石多油料，小的还装不了五斗。做榨时，要在中空部分凿开一条平槽，用弯凿削圆，再在下沿凿一个小孔，再削一条小槽，使榨出的油能流入接受器中。平槽长三四尺，宽三四寸，大小根据榨身而定，没有一定的格式。

原文

zhà jù yǐ zhěng lǐ   zé qǔ zhū má   cài zǐ rù fǔ
榨具已整理，则取诸麻、菜子入釜，

wén huǒ ① màn chǎo   fán bǎi ② tóng zhī lèi shǔ shù mù shēng zhě
文火 ① 慢炒（凡柏 ② 桐之类属树木生者，

jiē bù chǎo ér niǎn zhēng   tòu chū xiāng qì   rán hòu niǎn suì shòu
皆不炒而碾蒸），透出香气，然后碾碎受

zhēng   fán chǎo zhū má   cài zǐ   yí zhù píng dǐ guō   shēn zhǐ
蒸。凡炒诸麻、菜子，宜铸平底锅，深止

liù cùn zhě   tóu zǐ rén yú nèi   fān bàn zuì qín   ruò fǔ dǐ tài
六寸者，投子仁于内，翻拌最勤。若釜底太

shēn   fān bàn shū màn   zé huǒ hou jiāo shāng   jiǎn sàng yóu zhì   chǎo
深，翻拌疏慢，则火候交伤，减丧油质。炒

guō yì xié ān zào shàng   yǔ zhēng guō dà yì
锅亦斜安灶上，与蒸锅大异。

注释

①文火：火力较小且缓
的火。

②柏：一种落叶乔木，
种子可用来榨油。种子外面
有白蜡层，可用来制造蜡烛。

译文

榨具准备好了，就可以将
麻子或菜子之类的油料放进
锅里，用文火慢炒（凡属木
本的柏、桐这类的籽实，都
要碾碎后蒸熟而不必经过炒
制），到透出香气时就取出来，
碾碎，入蒸。炒麻子、菜子

炒蒸油料

釜：锅。这个锅是平底的，深
六寸。

用六寸深的平底锅比较合适，将子仁放进锅后不断翻拌。如果锅太深，翻拌又少，就会因受热不均匀而降低油的产量和质量。炒锅斜放在灶上，跟蒸锅大不一样。

皮油

原文

凡皮油造烛，法起广信郡①。其法取洁净柏子，囫囵②入釜甑③蒸，蒸后倾于白内受舂。其白深约尺五寸。碓以石为头，不用铁嘴。石取深山结而腻④者，轻重斫成限四十斤，上嵌衡木之上而舂之。其皮膜上油尽脱骨而纷落，挖起，筛于盘内，再蒸，包裹入榨，皆同前法。皮油已落尽，其骨为黑子。用冷腻小石磨不惧火煅者（此磨亦从信郡深山觅取），以红火矢围壅煅热，将黑子逐把灌入疾磨。磨破之时，风扇去其黑壳，则其内完全白仁，与梧桐⑤子无异。将此碾、蒸、包裹、入榨，与前法同。榨出

<ruby>水<rt>shuǐ</rt></ruby><ruby>油<rt>yóu</rt></ruby>，<ruby>清<rt>qīng</rt></ruby><ruby>亮<rt>liàng</rt></ruby><ruby>无<rt>wú</rt></ruby><ruby>比<rt>bǐ</rt></ruby>。<ruby>贮<rt>zhù</rt></ruby><ruby>小<rt>xiǎo</rt></ruby><ruby>盏<rt>zhǎn</rt></ruby><ruby>之<rt>zhī</rt></ruby><ruby>中<rt>zhōng</rt></ruby>，<ruby>独<rt>dú</rt></ruby><ruby>根<rt>gēn</rt></ruby><ruby>心<rt>xīn</rt></ruby><ruby>草<rt>cǎo</rt></ruby>⑥

<ruby>燃<rt>rán</rt></ruby><ruby>至<rt>zhì</rt></ruby><ruby>天<rt>tiān</rt></ruby><ruby>明<rt>míng</rt></ruby>，<ruby>盖<rt>gài</rt></ruby><ruby>诸<rt>zhū</rt></ruby><ruby>清<rt>qīng</rt></ruby><ruby>油<rt>yóu</rt></ruby><ruby>所<rt>suǒ</rt></ruby><ruby>不<rt>bù</rt></ruby><ruby>及<rt>jí</rt></ruby><ruby>者<rt>zhě</rt></ruby>。<ruby>入<rt>rù</rt></ruby><ruby>食<rt>shí</rt></ruby><ruby>馔<rt>zhuàn</rt></ruby><ruby>即<rt>jí</rt></ruby>

<ruby>不<rt>bù</rt></ruby><ruby>伤<rt>shāng</rt></ruby><ruby>人<rt>rén</rt></ruby>，<ruby>恐<rt>kǒng</rt></ruby><ruby>有<rt>yǒu</rt></ruby><ruby>忌<rt>jì</rt></ruby><ruby>者<rt>zhě</rt></ruby>，<ruby>宁<rt>nìng</rt></ruby><ruby>不<rt>bú</rt></ruby><ruby>用<rt>yòng</rt></ruby><ruby>耳<rt>ěr</rt></ruby>。

 注释

①广信郡：今江西上饶地区。

②囫囵：整个的，完整无缺的。

③釜甑：釜和甑。都是古代炊煮的器名。

碓头：是石造的，重量限定四十斤。

冷腻小石磨：出自广信郡的深山，把黑子逐把投入快磨，扇去黑壳，只剩下白仁。

④腻：滑腻，细腻。

⑤梧桐：种子含油率 39.7%，可榨油。

⑥心草：即灯芯草。茎可用来造纸、织席，其中心部分可用作油灯的灯心。

译文

　　用皮油制造蜡烛是广信郡创始的。把洁净的柏子整个放入甑里去蒸，蒸好后倒入臼内舂捣。臼约一尺五寸深。碓头是用石块制造的，不用铁嘴。采取深山中坚实而细滑的石块斫成，重量限定四十斤，上部嵌在平横木的一端，便可以舂捣了。柏子核外皮膜上的油蜡层舂过以后全部脱落，挖起来，把它筛入盘里再蒸，然后包裹入榨，方法同上。这样把皮油脱净后，里面剩下的核就是黑子。用一座不怕火烧的冷滑小石磨（这种磨石也是从广信郡的深山中找到的），周围堆满烧红的炭火加以烘热，将黑子逐把投入快磨。磨破以后，就用风扇掉黑壳，剩下的便是白色的仁，如梧桐子一样。将这种白仁碾碎、上蒸之后，用前文所述的方法包裹、压榨。榨出的油叫"水油"，很清亮，装入小灯盏中，用一根灯芯草就可以点燃到天亮，其他的清油都比不上它。拿它来食用并不对人有伤害，但也会有些人不放心，宁可不食用。

shā
杀

qīng
青

zào zhú zhǐ
造竹纸

原文

fán zào zhú zhǐ　　shì chū nán fāng　　ér mǐn shěng dú zhuān qí
凡造竹纸，事出南方，而闽省独专其

shèng　　dāng sǔn shēng zhī hòu　　kàn shì shān wō shēn qiǎn　　qí zhú yǐ
盛。当笋生之后，看视山窝深浅，其竹以

jiāng shēng zhī yè zhě wéi shàng liào　　jié jiè máng zhòng①　　zé dēng shān
将生枝叶者为上料。节界芒种①，则登山

kǎn fá　　jié duàn wǔ qī chǐ cháng　　jiù yú běn shān kāi táng yì kǒu
砍伐。截断五七尺长，就于本山开塘一口，

zhù shuǐ qí zhōng piǎo jìn　　kǒng táng shuǐ yǒu hé②　　shí　　zé yòng zhú
注水其中漂浸。恐塘水有涸②时，则用竹

jiǎn tōng yǐn　　bú duàn bào liú zhù rù　　jìn zhì bǎi rì zhī wài　　jiā
枧通引，不断瀑流注入。浸至百日之外，加

gōng chuí xǐ　　xǐ qù cū ké yǔ qīng pí　　shì míng shā qīng　　qí
工槌洗，洗去粗壳与青皮（是名杀青），其

zhōng zhú ráng xíng tóng zhù má yàng
中竹穰形同苎麻样。

注释

①芒种：二十四节气之一，在阳历6月上旬。这是江西每年砍竹造纸的时间。

②涸：失去水而干枯。

译文

竹纸是南方制造的，其中以福建为最多。当竹笋生出后，到山窝里观察竹林长势，将要生枝叶的嫩竹是造纸的上等材料。每年到芒种节令，便可上山砍竹。把嫩竹截成五到七尺一段，就地开一口山塘，灌水漂浸。为了避免塘水干涸，用竹枧引入流水。浸到一百天开外，把竹子取出，再用木棒槌打，最后洗掉粗壳与青皮（这一工序称为杀青）。此时的竹穰就像苎麻一样。

原文

凡抄纸帘，用刮磨绝细竹丝编成。展卷张开时，下有纵横架匡。两手持帘入水，荡起竹麻，入于帘内。厚薄由人手法，轻荡则薄，重荡则厚。竹料浮帘之顷，水从四际淋下槽内，然后覆帘，落纸于板上，叠积千万张。数满，则上以板压，捎绳入棍，

<ruby>如<rt>rú</rt></ruby><ruby>榨<rt>zhà</rt></ruby><ruby>酒<rt>jiǔ</rt></ruby><ruby>法<rt>fǎ</rt></ruby>，<ruby>使<rt>shǐ</rt></ruby><ruby>水<rt>shuǐ</rt></ruby><ruby>气<rt>qì</rt></ruby><ruby>净<rt>jìng</rt></ruby><ruby>尽<rt>jìn</rt></ruby><ruby>流<rt>liú</rt></ruby><ruby>干<rt>gān</rt></ruby>。<ruby>然<rt>rán</rt></ruby><ruby>后<rt>hòu</rt></ruby>，<ruby>以<rt>yǐ</rt></ruby><ruby>轻<rt>qīng</rt></ruby><ruby>细<rt>xì</rt></ruby>

<ruby>铜<rt>tóng</rt></ruby><ruby>镊<rt>niè</rt></ruby><ruby>逐<rt>zhú</rt></ruby><ruby>张<rt>zhāng</rt></ruby><ruby>揭<rt>jiē</rt></ruby><ruby>起<rt>qǐ</rt></ruby>、<ruby>焙<rt>bèi</rt></ruby><ruby>干<rt>gān</rt></ruby>。

 译文

　　抄纸帘是用刮磨得极细的竹丝编成的。展开时，下面有木框托住。两只手拿着抄纸帘放进水中，荡起竹浆让它进入抄纸帘中。纸的厚薄可以由人的手法来调控、掌握：轻荡则薄，重荡则厚。提起抄纸帘，水便从帘眼淋回抄纸槽，然后把帘网翻转，让纸落到木板上，叠积成千上万张。等到数目够了时，就压上一块木板，捆上绳子并插进棍子，绞紧，用类似榨酒的方法把水分压干。然后用小铜镊把纸逐张揭起，烘干。

五金
wǔ jīn

银
yín

原文

凡礁砂入炉，先行拣净淘洗。其炉，土筑巨墩，高五尺许，底铺瓷屑、炭灰。每炉受礁砂二石。用栗木炭二百斤，周遭丛架。靠炉砌砖墙一朵，高阔皆丈余。风箱安置墙背，合两三人力，带拽透管通风。用墙以抵炎热，鼓鞴①之人方克安身。炭尽之时，以长铁叉添入。风火力到，礁砂熔化成团。此时，银隐铅中，尚未出脱。计

礁砂二石熔出团约重百斤。冷定取出，另
入分金炉（一名虾蟆炉）内。用松木炭匝
围，透一门以辨火色，其炉或施风箱，或
使交箑②，火热功到，铅沉下为底子（其
底已成陀僧③样，别入炉炼，又成扁担
铅）。频以柳枝从门隙入内燃照，铅气净
尽，则世宝凝然成象矣。此初出银，亦名
生银。

 注释

① 鼓鞴：鼓动皮风囊。

② 箑：扇。

③ 陀僧：即氧化铅，常态是黄色粉末，熔融状态时可渗入
分金炉底而成"炉底"。

 译文

　　银矿石在入炉之前，先要进行手选、淘洗。炼银的炉子是
用土筑成的，土墩高约五尺，炉子底下铺上瓷片和炭灰。每个
炉子可以容纳银矿石二石。用栗木炭二百斤，在矿石周围叠架
起来。靠近炉旁还要砌一道砖墙，高和宽各一丈多。风箱安装
在墙背，由两三个人拉，通过风管送风。靠这一道砖墙来隔热，

拉风箱的人才能有立身之地。等到炉里的炭烧完时，就用长铁
叉添加。如果火力够了，炉里的矿石就会熔化成团，这时的银
还混在铅里而没有被分离出来。两石银矿石熔成团后约有一百
斤。冷却后取出，放入另一个名叫分金炉(又名虾蟆炉)的炉子里，
用松木炭围住熔团，透过一个小门辨别火色。可以用风箱鼓风，
也可以用扇子来回扇。达到一定温度时，熔团会重新熔化，铅
就沉到炉底（炉底的铅已成为氧化铅，再放进别的炉子里熔炼，
可以得到扁担铅）。要不断把柳树枝从门缝中插进去燃烧，如果
铅全部被氧化成氧化铅，就可以提炼出纯银了。刚炼出来的银
叫生银。

熔礁结银与铅

砖墙：高和宽各一丈多，炉与拉风箱的人位于砖墙两侧，砖墙
可用来隔热。

tóng
铜

原文

凡铜供世用，出山与出炉止有赤铜①。以炉甘石②或倭铅参和，转色为黄铜③；以砒霜等药制炼为白铜④；矾、硝等药制炼为青铜⑤；广锡参和为响铜；倭铅⑥和写为铸铜。初质则一味红铜而已。

凡用铜造响器，用出山广锡无铅气者入内。钲（今名锣）、镯（今名铜鼓）之类，皆红铜八斤，入广锡二斤。铙、钹、铜与锡更加精炼。

 注释

①赤铜：红铜，纯铜。

②炉甘石：菱锌矿，主要成分是碳酸锌。

③黄铜：铜锌合金。

④白铜：这里指铜砷合金，即砷白铜。

⑤青铜：本指铜锡合金，这里可能是指用矾、硝等药把红铜表面染成青铜色，即所谓的古铜色。

⑥倭铅：锌。

译文

　　世间用的铜，开采后经过熔炼得来的只有红铜一种。但是如果加入炉甘石或者锌共同熔炼，就会转变成黄铜；如果加入砒霜等药物，可以炼成白铜；加入明矾和硝石等药物，可以炼成青铜；加入广锡可以得到响铜；加入锌可以得到铸铜。然而最基本的质地还是红铜一种而已。

　　制造乐器用的响铜，要把不含铅的两广产的锡放进罐里与铜一起熔化。制造锣、铜鼓一类的乐器，一般用红铜八斤，掺入广锡二斤；制造铙、钹一类乐器所用的铜、锡还需要进一步精炼。

锤钲与镯

锡
xī

原文

凡炼煎亦用洪炉。入砂数百斤，丛架
木炭亦数百斤，鼓鞴熔化。火力已到，砂不
即熔，用铅少许勾引，方始沛然①流注。或
有用人家炒锡剩灰②勾引者。其炉底炭末、
瓷灰铺作平池，傍安铁管小槽道，熔时流
出炉外低池。其质初出洁白，然过刚，承锤
即坼裂。入铅制柔，方充造器用。售者杂
铅太多，欲取净则熔化，入醋淬八九度，铅
尽化灰而去。出锡唯此道。方书云马齿苋③
取草锡者，妄言也。谓砒为锡苗者，亦妄
言也。

注释

① 沛然：盛大的样子。这里指锡大量熔流。

② 炒锡剩灰：炼锡剩下的炉渣，有还原和助熔的作用。

③ 马齿苋：一年生草本，茎下部匍匐，平卧在地面上，是
一种地方性的汞矿指示植物。

熔炼时也要用洪炉。每炉入锡砂数百斤，添加的木炭也要数百斤，一起鼓风熔炼。当火力足够时，锡砂不一定能马上熔化，这时要掺少量的铅去勾引，锡才会大量熔流出来。也有采用别人的炼锡炉渣去勾引的。洪炉炉底用炭末和瓷灰铺成平池，炉旁安装一条铁管小槽，炼出的锡水引流入炉外低池内。锡出炉时洁白，可是硬脆，一经锤打就会裂。要加铅使锡质变软，才能用来制造各种器具。市面上卖的锡掺铅太多，如果需要提纯，就应把它熔化后淬入醋中八九次，其中所含的铅便会形成灰渣而被除去。生产纯锡只有这么一种方法。有的医药书说什么可以从马齿苋中提取草锡，这是胡说。还说发现了砒就一定有锡矿的苗头，也是信口胡说。

炼锡炉

点铅勾锡：铅锡合金的熔点比锡的熔点低，更易熔流。

佳
jiā

兵
bīng

弧矢
hú shǐ ①

原文

凡箭笴②，中国南方竹质，北方萑柳③质，北虏桦质，随方不一。竿长二尺，镞④长一寸，其大端也。凡竹箭，削竹四条或三条，以胶粘合，过刀光削而圆成之。漆丝缠约两头，名曰"三不齐"箭杆。浙与广南有生成箭竹不破合者。柳与桦杆，则取彼圆直枝条而为之，微费刮削而成也。凡竹箭其体自直，不用矫揉。木杆则燥时必

曲。削造时以数寸之木，刻槽一条，名曰箭
端。将木杆逐寸戛⑤拖而过，其身乃直。即
首尾轻重，亦由过端而均停⑥也。

注释

① 弧矢：弓箭。

② 笴：箭杆。

③ 萑柳：蒲柳，也叫水杨，是一种入秋就凋零的树木。

④ 镞：箭头。

⑤ 戛：刮。

⑥ 均停：即均匀妥帖。

译文

　　箭杆的用料各地不尽相同，我国南方用竹，北方使用蒲柳木，北方少数民族则用桦木。箭杆长二尺，箭头长一寸，这是一般的规格。做竹箭的时候，削竹三四条并用胶粘合，再用刀削圆刮光。然后再用漆丝缠紧两头，这叫"三不齐"箭杆。浙江和广东南部有天然的箭竹，不用破开粘合。柳木或桦木做的箭杆，只要选取圆

箭端：木块上面刻一条槽，用来矫直箭杆。

直的枝条稍加削刮就可以了。竹箭本身很直，不必矫正。木箭杆
干燥后势必变弯。矫正的办法是用一块几寸长的木头，上面刻一
条槽，名叫箭端，将木杆嵌在槽里逐寸刮拉而过，杆身就会变直。
即使原来杆身头尾不均匀的也能得到矫正。

弩

原文

国朝①军器造神臂弩②、克敌弩，皆并发二矢、三矢者。又有诸葛弩③，其上刻直槽，相承函十矢，其翼取最柔木为之。另安机木，随手扳弦而上，发去一矢，槽中又落下一矢，则又扳木上弦而发。机巧虽工，然其力棉④甚，所及二十余步而已。此民家妨窃具，非军国器。其山人射猛兽者，名曰窝弩，安顿交迹之衢⑤，机傍引线，俟兽过带发而射之。一发所获，一兽而已。

注释

① 国朝：本朝。

②神臂弩：制造始于宋熙宁年间，身长三尺二寸，弦长二尺五寸，射程二百四十步。

③诸葛弩：古代弓弩名。《武备志》中说这种弩能一弩连发十矢，使用轻巧。

④棉：绵薄，微薄。

⑤衢：交叉路口。

译文

本朝作为军器的弩有神臂弩和克敌弩，都是能同时发出两三支箭的。还有一种诸葛弩，弩上刻有直槽可装十支箭，弩翼用最柔韧的木制成，另外还安有木制弩机，随手扳机就可以上弦。

连发弩：一弩可发十箭，使用较轻巧。

发出一箭，槽中又落下一箭，又可以再扳机上弦发一箭。这种
弩机结构精巧，但射力弱，射程只有二十来步远。这是民间用
来防盗的，而不是军队所用的兵器。山区的居民用来射杀猛兽
的弩叫窝弩，装在野兽出没的地方，拉上引线，野兽走过时一
触动引线，箭就会自动射出。发一箭能获得一只野兽。

火器

原文

红夷炮①。铸铁为之，身长丈许，用
以守城。中藏铁弹并火药数斗，飞激二里，
膺②其锋者为齑粉③。

凡炮爇④引内灼时，先往后坐千钧⑤
力，其位须墙抵住。墙崩者其常。

注释

① 红夷炮：明代称荷兰制大炮为红夷炮。

② 膺：承受，承当。

③ 齑粉：碎屑，粉末。

④ 爇：点燃，焚烧。

⑤ 千钧：形容力量非常大。钧，古时重量单位，一钧等于
三十斤。

译文

　　红夷炮是用铸铁造的，身长一丈，用来守城。炮膛里装有几斗铁丸和火药，射程二里，被击中的目标会变成碎粉。

　　大炮引发时，会产生很大的后坐力，炮位必须用墙顶住。墙因此而崩塌也是常见的事。

原文

　　大将军，二将军 ① （即红夷之次，在中国为巨物）。佛郎机 ② （水战舟头用）。三眼铳。百子连珠炮。

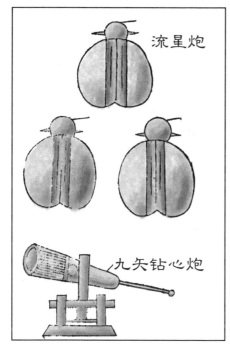

流星炮

九矢钻心炮

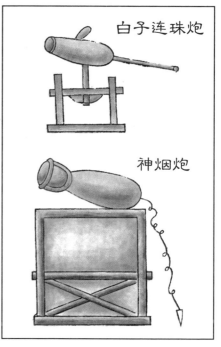

白子连珠炮

神烟炮

注释

① 大将军，二将军：炮名。号称是我国古代威力最大的炮。

② 佛郎机：佛郎机炮的简称。佛郎机是波斯语译音，原指葡萄牙和西班牙。

 译文

大将军，二将军（比红夷炮小一点，在中国已经算是大型的东西了）。佛郎机(水战时装在船头用)。三眼铳。百子连珠炮。

原文

万人敌①。凡外郡小邑②乘城却敌，有炮力不具者，即有空悬火炮而痴重难使者，则万人敌近制随宜可用，不必拘执③一方也。盖消黄火力所射，千军万马立时糜烂④。其法：用宿干空中⑤泥团，上留小眼，筑实消黄火药，参入毒火、神火，由人变通增损。贯药安信而后，外以木架匡围，或有即用木桶而塑泥实其内郭者，其义亦同。若泥团必用木匡，所以妨掷投先碎也。敌攻

chéng shí　rán zhuó yǐn xìn⑥　pāo zhì chéng xià　huǒ lì chū téng
城时，燃灼引信⑥，抛掷城下。火力出腾，

bā miàn xuán zhuǎn　xuán xiàng nèi shí　zé chéng qiáng dǐ zhù　bù shāng
八面旋转。旋向内时，则城墙抵住，不伤

wǒ bīng　xuán xiàng wài shí　zé dí rén mǎ jiē wú xìng　cǐ wéi
我兵；旋向外时，则敌人马皆无幸。此为

shǒu chéng dì yī qì　ér néng tōng huǒ yào zhī xìng　huǒ qì zhī fāng
守城第一器。而能通火药之性、火器之方

zhě　cōng míng yóu rén　zuò zhě bú shàng shí nián　shǒu tǔ zhě liú
者，聪明由人。作者不上十年，守土者留

xīn kě yě
心可也。

①万人敌：一种边旋转边爆炸的活动炸药包。可敌万人，
誉为"守城第一器"。

②邑：县城。

③拘执：拘泥，固执。

④糜烂：毁伤，溃坏。

⑤空中：中间是空的。

⑥引信：一种炮弹、炸弹、地雷等爆炸物上的引爆装置。

万人敌。边远小县城里守城御敌，有的没有炮，有的即使
配有炮也笨重难使，万人敌是一种不必拘执一方而随宜可用的
武器。硝石和硫黄配合产生的火力，能把千军万马炸得血肉横
飞。它的制法是，把中空的泥团晾干后，通过小孔装满由硝和
硫黄配成的火药，并由人灵活地增减和掺入毒火、神火等药料。

压实并安上引信后，再用木框框住，也有用木桶内壁糊泥并填实火药而成的，道理是一样的。如果用泥团就一定要在泥团外加上木框，以防止抛出去还没爆炸就破裂了。敌人攻城的时候，点燃引信，把万人敌抛掷到城下。这时，万人敌不断射出火力，而且四方八面地旋转起来。当它向内旋时，由于有城墙挡着，不会伤害自己人；当它向外旋时，敌军人马都会伤亡。这是守城最重要的武器。凡能通晓火药性能和火器制法的人，都可以发挥自己的聪明才智。这种武器发明还不到十年，负责守卫疆土的将士们都可以留心使用它。

dān

丹

qīng

青

zhū

朱

原文

凡升水银，或用嫩白次砂，或用缸中
fán shēng shuǐ yín　　huò yòng nèn bái cì shā　　huò yòng gāng zhōng

跌出浮面二朱，水和搓成大盘条，每三十
diē chū fú miàn èr zhū　　shuǐ huó cuō chéng dà pán tiáo　　měi sān shí

斤入一釜内升汞，其下炭质亦用三十斤。
jīn rù yì fǔ nèi shēng gǒng　　qí xià tàn zhì yì yòng sān shí jīn

凡升汞①，上盖一釜，釜当中留一小孔，
fán shēng gǒng　　shàng gài yì fǔ　　fǔ dāng zhōng liú yì xiǎo kǒng

釜傍盐泥紧固。釜上用铁打成一曲弓溜管，
fǔ páng yán ní jǐn gù　　fǔ shàng yòng tiě dǎ chéng yì qū gōng liū guǎn

其管用麻绳密缠通梢，仍用盐泥涂固。煅
qí guǎn yòng má shéng mì chán tōng shāo　　réng yòng yán ní tú gù　　duàn

火之时，曲溜一头插入釜中通气（插处一
huǒ zhī shí　　qū liū yì tóu chā rù fǔ zhōng tōng qì　　chā chù yì

丝固密），一头以中罐注水两瓶，插曲溜尾
sī gù mì　　yì tóu yǐ zhōng guàn zhù shuǐ liǎng píng　　chā qū liū wěi

<ruby>于<rt>yú</rt></ruby><ruby>内<rt>nèi</rt></ruby>，<ruby>釜<rt>fǔ</rt></ruby><ruby>中<rt>zhōng</rt></ruby><ruby>之<rt>zhī</rt></ruby><ruby>气<rt>qì</rt></ruby><ruby>达<rt>dá</rt></ruby><ruby>于<rt>yú</rt></ruby><ruby>罐<rt>guàn</rt></ruby><ruby>中<rt>zhōng</rt></ruby><ruby>之<rt>zhī</rt></ruby><ruby>水<rt>shuǐ</rt></ruby><ruby>而<rt>ér</rt></ruby><ruby>止<rt>zhǐ</rt></ruby>。<ruby>共<rt>gòng</rt></ruby><ruby>煅<rt>duàn</rt></ruby>

<ruby>五<rt>wǔ</rt></ruby><ruby>个<rt>gè</rt></ruby><ruby>时<rt>shí</rt></ruby><ruby>辰<rt>chen</rt></ruby>，<ruby>其<rt>qí</rt></ruby><ruby>中<rt>zhōng</rt></ruby><ruby>砂<rt>shā</rt></ruby><ruby>末<rt>mò</rt></ruby><ruby>尽<rt>jìn</rt></ruby><ruby>化<rt>huà</rt></ruby><ruby>成<rt>chéng</rt></ruby><ruby>汞<rt>gǒng</rt></ruby>，<ruby>布<rt>bù</rt></ruby><ruby>于<rt>yú</rt></ruby><ruby>满<rt>mǎn</rt></ruby><ruby>釜<rt>fǔ</rt></ruby>。

<ruby>冷<rt>lěng</rt></ruby><ruby>定<rt>dìng</rt></ruby><ruby>一<rt>yí</rt></ruby><ruby>日<rt>rì</rt></ruby>，<ruby>取<rt>qǔ</rt></ruby><ruby>出<rt>chū</rt></ruby><ruby>扫<rt>sǎo</rt></ruby><ruby>下<rt>xià</rt></ruby>。

 注释

① 升汞：升炼水银。

 译文

升炼水银，要用嫩白次朱或缸中倾出的浮面二朱，加水搓成盘条放进锅里。每锅装三十斤，下面烧火用的炭也要三十斤。升炼水银时，锅上面还要倒扣另一只锅，锅顶留一个小孔，两锅的衔接处要用盐泥加固密封。锅顶上的小孔和一支弯曲的铁管相连接，铁管通身要用麻绳缠绕紧密，并涂上盐泥加固，使每个接口处不能有丝毫漏气。煅火时，曲管的一端插入锅中通气（插入入加固密封），曲管的另一端末通到装有两瓶水的罐子中，使反应锅中的气体只能到达罐里的水为止。共煅烧十个钟头后，朱砂就会化为水银布满整个锅壁。冷却一天后，再取出扫下。

升炼水银

mò
墨

原文

fán shāo sōng yān ① fá sōng zhǎn chéng chǐ cùn jū miè ②
凡烧松烟①，伐松，斩成尺寸，鞠篾②

wéi yuán wū rú zhōu zhōng yǔ péng shì jiē lián shí yú zhàng nèi
为圆屋，如舟中雨篷式，接连十余丈。内

wài yǔ jiē kǒu jiē yǐ zhǐ jí xí hú gù wán chéng gé wèi shù jié
外与接口皆以纸及席糊固完成。隔位数节，

xiǎo kǒng chū yān qí xià yǎn tǔ qì zhuān xiān wéi tōng yān dào lù
小孔出烟，其下掩土砌砖先为通烟道路。

rán xīn shù rì xiē lěng rù zhōng sǎo guā fán shāo sōng yān fàng
燃薪数日，歇冷入中扫刮。凡烧松烟，放

huǒ tōng yān zì tóu chè wěi kào wěi yī èr jié zhě wéi qīng yān
火通烟，自头彻尾。靠尾一二节者为清烟，

qǔ rù jiā mò wéi liào zhōng jié zhě wéi hùn yān qǔ wéi shí mò
取入佳墨为料。中节者为混烟，取为时墨

liào ruò jìn tóu yī èr jié zhǐ guā qǔ wéi yān zi huò mài shuā
料。若近头一二节，只刮取为烟子，货卖刷

yìn shū wén jiā réng qǔ yán xì yòng zhī qí yú zé gōng qī gōng è
印书文家，仍取研细用之。其余则供漆工垩

gōng zhī tú xuán ④ zhě
工③之涂玄④者。

注释

① 松烟：松木燃烧后所凝的黑灰。

② 鞠篾：编竹条。

③ 垩工：粉刷工。垩，用白土涂饰。

④ 涂玄：涂为黑色。

译文

　　烧松木取烟，先把松木砍成一定的尺寸，并在地上用竹篾搭建一个圆拱篷，就像小船上的遮雨篷那样，逐节连接为十多丈长，它的内外和接口都要用纸和草席糊紧密封。每隔几节，开一个出烟小孔，竹篷和地接触的地方要盖上泥土，篷内砌砖造成一个通烟火路。一连好几天在篷头烧松木，冷歇后人们便可以进去扫刮。烧松烟时，烟从篷头弥散到篷尾。从靠尾一二节中取的烟叫清烟，是制作优质墨的原料。从中节取的烟叫混烟，可做普通墨料。从近头一二节中取的烟叫烟子，只能卖给印书的店家，仍要磨细后才能使用。剩下的就留给漆工、粉刷工做黑色颜料使用了。

<ruby>丹<rt>dān</rt></ruby><ruby>曲<rt>qū</rt></ruby>①

原文 <ruby>凡<rt>fán</rt></ruby><ruby>造<rt>zào</rt></ruby><ruby>法<rt>fǎ</rt></ruby>，<ruby>用<rt>yòng</rt></ruby><ruby>秈<rt>xiān</rt></ruby><ruby>稻<rt>dào</rt></ruby>②<ruby>米<rt>mǐ</rt></ruby>，<ruby>不<rt>bù</rt></ruby><ruby>拘<rt>jū</rt></ruby><ruby>早<rt>zǎo</rt></ruby><ruby>晚<rt>wǎn</rt></ruby>。<ruby>舂<rt>chōng</rt></ruby><ruby>杵<rt>chǔ</rt></ruby><ruby>极<rt>jí</rt></ruby><ruby>其<rt>qí</rt></ruby><ruby>精<rt>jīng</rt></ruby><ruby>细<rt>xì</rt></ruby>，<ruby>水<rt>shuǐ</rt></ruby><ruby>浸<rt>jìn</rt></ruby><ruby>一<rt>yì</rt></ruby><ruby>七<rt>qī</rt></ruby><ruby>日<rt>rì</rt></ruby>，<ruby>其<rt>qí</rt></ruby><ruby>气<rt>qì</rt></ruby><ruby>臭<rt>chòu</rt></ruby><ruby>恶<rt>è</rt></ruby><ruby>不<rt>bù</rt></ruby><ruby>可<rt>kě</rt></ruby><ruby>闻<rt>wén</rt></ruby>，<ruby>则<rt>zé</rt></ruby><ruby>取<rt>qǔ</rt></ruby><ruby>入<rt>rù</rt></ruby><ruby>长<rt>cháng</rt></ruby><ruby>流<rt>liú</rt></ruby><ruby>河<rt>hé</rt></ruby><ruby>水<rt>shuǐ</rt></ruby><ruby>漂<rt>piǎo</rt></ruby><ruby>净<rt>jìng</rt></ruby>（<ruby>必<rt>bì</rt></ruby><ruby>用<rt>yòng</rt></ruby><ruby>山<rt>shān</rt></ruby><ruby>河<rt>hé</rt></ruby><ruby>流<rt>liú</rt></ruby><ruby>水<rt>shuǐ</rt></ruby>，<ruby>大<rt>dà</rt></ruby><ruby>江<rt>jiāng</rt></ruby><ruby>者<rt>zhě</rt></ruby><ruby>不<rt>bù</rt></ruby><ruby>可<rt>kě</rt></ruby><ruby>用<rt>yòng</rt></ruby>）。<ruby>漂<rt>piǎo</rt></ruby><ruby>后<rt>hòu</rt></ruby><ruby>恶<rt>è</rt></ruby><ruby>臭<rt>chòu</rt></ruby><ruby>犹<rt>yóu</rt></ruby><ruby>不<rt>bù</rt></ruby><ruby>可<rt>kě</rt></ruby><ruby>解<rt>jiě</rt></ruby>，<ruby>入<rt>rù</rt></ruby><ruby>甑<rt>zèng</rt></ruby><ruby>蒸<rt>zhēng</rt></ruby><ruby>饭<rt>fàn</rt></ruby><ruby>则<rt>zé</rt></ruby><ruby>转<rt>zhuǎn</rt></ruby><ruby>成<rt>chéng</rt></ruby><ruby>香<rt>xiāng</rt></ruby><ruby>气<rt>qì</rt></ruby>，<ruby>其<rt>qí</rt></ruby><ruby>香<rt>xiāng</rt></ruby><ruby>芬<rt>fēn</rt></ruby><ruby>甚<rt>shèn</rt></ruby>。<ruby>凡<rt>fán</rt></ruby><ruby>蒸<rt>zhēng</rt></ruby><ruby>此<rt>cǐ</rt></ruby><ruby>米<rt>mǐ</rt></ruby><ruby>成<rt>chéng</rt></ruby><ruby>饭<rt>fàn</rt></ruby>，<ruby>初<rt>chū</rt></ruby><ruby>一<rt>yī</rt></ruby><ruby>蒸<rt>zhēng</rt></ruby><ruby>半<rt>bàn</rt></ruby><ruby>生<rt>shēng</rt></ruby><ruby>即<rt>jí</rt></ruby><ruby>止<rt>zhǐ</rt></ruby>，<ruby>不<rt>bù</rt></ruby><ruby>及<rt>jí</rt></ruby><ruby>其<rt>qí</rt></ruby><ruby>熟<rt>shú</rt></ruby>，<ruby>也<rt>yě</rt></ruby><ruby>离<rt>lí</rt></ruby><ruby>釜<rt>fǔ</rt></ruby><ruby>中<rt>zhōng</rt></ruby>，<ruby>以<rt>yǐ</rt></ruby><ruby>冷<rt>lěng</rt></ruby><ruby>水<rt>shuǐ</rt></ruby><ruby>一<rt>yí</rt></ruby><ruby>沃<rt>wò</rt></ruby>，<ruby>气<rt>qì</rt></ruby><ruby>冷<rt>lěng</rt></ruby><ruby>再<rt>zài</rt></ruby><ruby>蒸<rt>zhēng</rt></ruby>，<ruby>则<rt>zé</rt></ruby><ruby>令<rt>lìng</rt></ruby><ruby>极<rt>jí</rt></ruby><ruby>熟<rt>shú</rt></ruby><ruby>矣<rt>yǐ</rt></ruby>。<ruby>熟<rt>shú</rt></ruby><ruby>后<rt>hòu</rt></ruby>，<ruby>数<rt>shù</rt></ruby><ruby>石<rt>dàn</rt></ruby><ruby>共<rt>gòng</rt></ruby><ruby>积<rt>jī</rt></ruby><ruby>一<rt>yì</rt></ruby><ruby>堆<rt>duī</rt></ruby>，<ruby>拌<rt>bàn</rt></ruby><ruby>信<rt>xìn</rt></ruby>③。

① 丹曲：即红曲，大米的微生物发酵制品之一。

② 籼稻：水稻的一类，茎秆较高较软，叶子黄绿色，稻穗上的籽粒较稀，米粒长而细。

③ 拌信：拌入曲种。

制造红曲用的是籼稻米，早造、晚造都可以。米要舂得极其精细，用水浸泡七天，那时的气味真是臭不堪闻，到这时就把米放到流动的河水中漂洗干净（必须要用流动的山河水，大江水不能用）。米漂洗之后臭味还不能完全消除，把它放入甑里面蒸成饭，就会变得香气四溢了。蒸饭时，先将米蒸到半生半熟的状态，然后就从锅中取出，用冷水淋浇一下，等到冷却以后再

长流漂米

次将稻米蒸到熟透。这样蒸熟了几石米饭以后，再堆放在一起拌进曲种。

珠玉

宝

凡产宝之井，即极深无水，此乾坤①派设机关。但其中宝气如雾，氤氲②井中，人久食其气多致死。故采宝之人，或结十数为群，入井者得其半，而井上众人共得其半也。下井人以长绳系腰，腰带叉口袋两条，及泉近宝石，随手疾拾入袋（宝井内不容蛇虫）。腰带一巨铃，宝气逼不得过，则急摇其铃，井上人引缒③提上。其人即无

<ruby>恙<rt>yàng</rt></ruby>，<ruby>然<rt>rán</rt></ruby><ruby>已<rt>yǐ</rt></ruby><ruby>昏<rt>hūn</rt></ruby><ruby>瞢<rt>méng</rt></ruby>④。<ruby>止<rt>zhǐ</rt></ruby><ruby>与<rt>yǔ</rt></ruby><ruby>白<rt>bái</rt></ruby><ruby>滚<rt>gǔn</rt></ruby><ruby>汤<rt>tāng</rt></ruby><ruby>入<rt>rù</rt></ruby><ruby>口<rt>kǒu</rt></ruby><ruby>解<rt>jiě</rt></ruby><ruby>散<rt>sàn</rt></ruby>，<ruby>三<rt>sān</rt></ruby><ruby>日<rt>rì</rt></ruby><ruby>之<rt>zhī</rt></ruby><ruby>内<rt>nèi</rt></ruby><ruby>不<rt>bù</rt></ruby><ruby>得<rt>dé</rt></ruby><ruby>进<rt>jìn</rt></ruby><ruby>食<rt>shí</rt></ruby><ruby>粮<rt>liáng</rt></ruby>，<ruby>然<rt>rán</rt></ruby><ruby>后<rt>hòu</rt></ruby><ruby>调<rt>tiáo</rt></ruby><ruby>理<rt>lǐ</rt></ruby><ruby>平<rt>píng</rt></ruby><ruby>复<rt>fù</rt></ruby>。

 注释

① 乾坤：指天地。

② 氤氲：云烟弥漫。

③ 绹：粗绳索。

④ 昏瞢：昏迷。

 译文

出产宝石的矿井即便很深，其中也是没有水的，这是大自然的特设机关。但井中有宝气就像雾一样弥漫着，这种宝气人吸的时间久了多数都会没命。因此，采集宝石的人通常是十多个人合伙。下井的人分得一半宝石，井上的人共分得另一半宝石。下井的人用长绳绑住腰，腰间系两个叉口袋，到井底随手将宝石赶快装入袋内（宝石井里一般不藏有蛇、虫）。腰间系一个大铃铛，一旦宝气逼得人承受不住的时候，就急忙摇晃铃铛，井上的

下井采宝

人就立即拉粗绳把他提上来。这时，人即便没有生命危险，也已经昏迷不醒了。只能往他嘴里灌一些白开水来解救他，三天内不能吃东西，然后再慢慢加以调理康复。

玉

原文

凡玉初剖时，冶铁为圆盘，以盆水盛砂，足踏圆盘使转，添砂剖玉，逐忽划断。中国解玉砂，出顺天玉田与真定邢台两邑。其砂非出河中，有泉流出，精粹如面，藉以攻玉，永无耗折。既解之后，别施精巧工夫，得镔铁①刀者，则为利器也（镔铁亦出西番哈密卫②砺石中，剖之乃得）。

注释

① 镔铁：精炼的铁。

② 哈密卫：今新疆哈密。

译文

开始解剖玉石时，做个铁圆盘，将水砂放入盆内，一边用

脚踏动圆盘旋转，一边添砂剖玉，一点点把玉划割。我国剖玉的砂，出产在顺天附近的玉田和真定的邢台两地。这种砂不是产于河中，而是从泉眼里流出来的，精细得像面粉一样，用来磨玉永远不会耗损。玉石剖开以后，再施以精工巧艺，如果这时有把镔铁刀，就是很好的工具了（镔铁也产在新疆哈密的砺石中，剖开就能炼得）。